# 我的50歲

## 無添加凍齡秘笈

*Pam Chan* 著

萬里機構

凍齡，是一種可以學習的生活方式。

# 推薦序 1

與 Pam 的緣分是從 2016 年開始。當時為了準備結婚，試了很多減肥的方法，但是很多沒有長久的效果。最終決定鼓起勇氣挑戰重量訓練，就這樣認識了 Pam 教練。

剛剛認識教練時，覺得她人很直爽，但不失幽默，又加些傻氣。當意識到她的年齡時，她已經從教練升級變做我的偶像。

從小身體一直不好的我，抗生素幾乎是長期服用的藥物。但自從開始注意飲食，跟着偶像教練鍛鍊身體，似乎很久都沒有再見過它了。在懷孕期間，身體不同的變化讓我很苦惱。教練一直支持並鼓勵我，幫助我控制體重，跟着身體的變化來修改訓練的內容，實在是非常專業且貼心。

希望教練的讀者可以跟我一樣受益，從自己的身體開始改變，一起健康、凍齡。

Sophie

# 推薦序 2

喜愛此書，內容精簡、明確、全面，令你目標必達。

就如 Pam 的性格及 Weight Training Programs。

我要先多謝 Pam——我的私人健身教練。我在物色教練時，是她的活力與神采吸引到我的注意，那麼便開始我們師徒的緣分了。跟她一年，成功消脂 30%，增加了肌肉，活力充沛，整體年輕起來。

是 Pam 糾正了我過往的減肥方法……就是攝取低卡路里。她要我由每天 1,000 卡路里加到 1,500 至 1,800 卡路里，才可有能量做好肌肉負重鍛鍊。當然食品是要選擇健康、營養、低脂、低鹽、低糖等，果然數月後，新陳代謝率提高了，精神飽滿，開始減磅。

是 Pam 剔除我的恐懼……我怕食豆類、怕會胃脹、怕食果仁會肥，她細心解釋它們的營養，就如書中提及的種種，全都是極有益的食物，尤其是 Whole Food，健康又環保。偶爾食素，高蛋白質的素食既可美肌又增肌。

我相信 Pam 的介紹，因為她就是一個「人辦」嘛！我就跟着她的建議吃多了 Whole Food，當然不是她的份量啦！

Gina

# 推薦序 3

我很熱愛運動，也對運動表現有一定的要求，亦知道與鍛鍊肌肉息息相關。有一次看到相中的自己，發覺背部有點「寒背」，於是決定去找私人健身教練幫自己改善一下；因為以前試用過男性教練，所以今次我特意去找一個女性教練，目的是希望有另一種、不同的鍛鍊方法和新鮮感。

幸運地，有緣物色到 Pam 教練，她在課堂上的專業及認真的態度吸引了我。漸漸愛上 Pam 的功能性訓練，她用有趣的工具，以及自創而簡單的動作便可鍛鍊到我整體肌肉，尤其是核心肌群。

就算你身體有傷患，不要以為自己做不到肌肉訓練，這不是藉口。Pam 能為你度身編排特別課程，還能令你練出靚靚肌肉線條啊！

我會介紹此書給朋友，尤其是男性朋友，因為凍齡不是女士的專利！

Amy

時光荏苒。知道阿 Pam 出書，有幸找我來為她的著作寫序。

說起與阿 Pam 的相識，應要追溯到與我當時的男友（現在的丈夫）相識的第一個情人節。旁人的情人節皆是玫瑰、朱克力、紅酒、燭光晚餐，而我的丈夫卻是個十分注重健康的人，他把一套私人教練健身課程作為情人節禮物送給我。其他情侶分享的固然是浪漫的氛圍，但我知道，丈夫真正希望與我分享的，除了一瞬間的浪漫外，更多的是一輩子的健康。

當時尋找教練也花費了很久。我當時的要求比較高，希望能找到一位有心教，而又能真正幫助到自己的教練；因此找了好些教練也不太適合自己，直至遇見阿 Pam。初識阿 Pam 時，見她皮膚緊緻、體態年輕，外型看上去「又靚又 fit」，已經對她頗有好感。及後，慢慢發現她對運動的熱誠和認真，不但每天都會風雨不改地抽時間去鍛鍊身體，而且在上課的時候也十分專注，不會隨便停下來閒聊。因此，我就像眾裏尋他一般，在茫茫人海裏尋到阿 Pam 作為我的私人健身教練。

就這樣，尋找教練的事也終於告一段落，而我也在她的引領下，開始了我的重量訓練生涯……

再說回阿 Pam 的這本書。她在書中大方分享自己多年來如何保持健康的心得，以自己的經歷為例，教授如何以純天然的方式，透過運動配合飲食、心境來活出健康的人生。（也向我們證實了即使是「大食」，也可以保持苗條！）

若你問我推薦本書的原因，我會說「貼地」絕對是一大亮點。運動上，阿 Pam 因應性別、年齡、工作環境的不同，針對性地提出建議，也嘗試矯正一些錯誤的觀念和習慣。飲食上，她細心整理了不同減肥餐單的好處與壞處、如何在外健康地用餐等，也迎合了不同人的喜好；而提供飲食習慣上的建議，相信無論是甜食主義者、素食主義者，又或是像她一樣的「澱粉控」，也能一一照顧。本書更特別針對辦公室一族的需要，相信能幫助打工仔在繁忙的工作中，找尋適合自己的生活方式。

保持健康是一生的任務，我衷心希望正在閱讀這本書的你，也能與阿 Pam 一起踏上這段漫長卻又充滿樂趣和意義的旅途！

Sandy Wong

# 推薦序 5

我叫 Pau，現在是 Pam 的同事。畢業之後的工作就是健身行列。我就在幾年前，從舊健身公司轉來 Pure 工作時，第一次接觸 Pam，感覺她對每件事都好嚴謹、好仔細、感覺好兇猛，她喜歡與不喜歡的，一聽便知道，我對她又愛又恨。

但後來，很快便知道，其實她對自己、生活和工作都有一定的原則，我便知道，我和她就是溝通得上了，哈哈！因為我們有一些地方是相似的。慢慢地，無論工作或者其他事情，都會一齊分享與溝通，很自然地成為了她的好同事，同時也是一位好朋友。（我自己認為，哈哈！）

她對運動的熱誠，真的想像不到，每天清早，總是公司一開門，便要衝過去做運動，飲食和睡眠作息時間，每天都不會改變；她的規律性和堅持，相信沒有太多人可以做得到，這些都令我真的非常佩服。當然我想講她的食量，都是我非常極之佩服的地方，哈哈！因為我是一個很難將整個飯盒可以一次食完的人。每當我在公司食飯的時候，如果她在我身邊，就會叫我完成整個飯盒，被監視中，我當然會盡力啦，但每次我都飽死了！

她在工作上，對學生的嚴謹和細心，亦影響了我對工作要更加不可鬆懈，只要全心全意為學生着想和鼓勵，相信一定可以改變身體各方面，包括健康和心態。另一方面，她對身邊的同事都非常愛護，就像媽媽一樣；所以在公司裏，大家都稱呼她叫「媽媽」或「Pam 媽媽」。最初我是不習慣這種叫法，畢竟我和她只是相差幾年，Oh My God，請問有這樣年青的媽媽嗎？

這次她能夠寫出一本自己的書，看完這本書之後，我非常高興，相信能夠令到其他人知道運動對身體的重要性，同時亦更加了解 Pam 由細到大生活習慣的轉變；可以令很多人明白，就算現在身體好與壞，就由今天開始，身體力行，就可以去改變，行動就是最實際。

今年認識了 Pam 已經 4 年了，我希望每天、每年、10 年，都可以繼續做你的同事啦。當然，朋友就是一世吧！Love U「媽媽」！

每天都串你的 *Tina Pau*

# 推薦序 6

如何能健康地減肥？我相信許多人對這個問題有興趣。幾年前我試過不同的減肥方法，有最不健康的節食、食減肥藥、果汁斷食法等等。為了維持理想的體重，我經常讓自己處於飢餓的狀態。雖然很快會有效果，但過程中不但辛苦而且手腳會無力和頭暈，若之後回復正常飲食，便會立即反彈，還比之前更肥。

以前只靠這些方法去減肥，完全沒有做運動的習慣。直到身邊的朋友和家人說我身形肥胖、臉色蒼白、手腳冰冷，我才意識到自己的生活習慣真是很不健康。不知不覺間的壞習慣讓我的體重攀登上人生的巔峰 70kg，體脂 33%，那段日子的感覺很黑暗，對自己身體非常沒有自信。夏天不敢穿背心短褲，朋友約去沙灘，Boat Trip 都一一拒絕。直到感到自己雙腳開始越來越有負擔，身體出現了警號，我才痛下決心採用運動減肥。

機緣之下認識了 Pam，她建議我從飲食開始着手，每天記錄自己的飲食和份量，再幫我設計餐單和運動的計劃。Pam 介紹了 Intermittent Fasting Diet（輕斷食飲食法）給我，每天斷食 16 小時，並在剩下的 8 小時內進食。

斷食期間可以照常飲食模式，為身體提供足夠的時間去消化食物，並消耗多餘的脂肪，而且要選擇吃對的食物，再配合運動才會事半功倍。如何判斷哪些是對的食物？書中提到要食 Whole

Food，主要是無添加、少成分的食品，例如南瓜、豆腐、西蘭花、秋葵等等，都是 Pam 推介的。書中 Chapter 3 介紹了幾款健康素菜食譜給大家參考，大家由今日開始要吃對的食物，開始健康飲食吧！

運動方面，需要有氧運動和重量訓練互相配合。我習慣每個星期做 4~5 小時有氧運動；3~4 小時的重量訓練，兩種運動交替着做效果會更顯著。書中 Chapter 2 介紹不同的練習，非常適合經常在辦公室的上班一族。每次跟 Pam 上課，她都會針對我想改善的地方去設計不同的練習，而且每組動作都會詳細解釋訓練的肌肉和示範正確的姿勢，過程中她會緊密觀察、協助及糾正錯誤動作。

我認為跟了 Pam 之後更加讓我有動力，她不僅擔當着教練的角色來指導我，還不斷的鼓勵和給予信心。經過 3 個月的飲食調整和運動訓練，我的成效非常顯著，由體脂 33% 下降到現在 22％，除了身形上的改變，皮膚和面色也改善，真正的由內到外都變得更健康。

我認為每個人的身高、體重、肌肉量、代謝率、生活習慣和理想的身形都不同，最重要是為自己設定合理的目標，有了目標才可以好好安排計劃。想要減肥成功不需要節食，也不需要減肥藥，更不需要吃難食的代餐，只要懂得生活的品質，注重食物的質素，配合適量的運動，在身、心取得平衡，體態自然就會變得輕盈，體脂自然會下降。

這本書談的不只是減肥，而是一種生活態度，如何一邊享受食物，一邊有效地以飲食和運動配合，健康地減肥。我就是一個成功的例子！

Wincy

# 前言

## 關於一個平凡又不平凡
## 純天然 無添加 凍齡女的成長故事

首先衷心多謝編輯及出版社的所有支持，事實上我從來沒有想過可以有機會出版圖書。希望這本書能夠啟發到大家，對自身的整體生活作出正面調整，從而得到健康的身體，最理想當然就是能夠把年齡凍下來，甚至逆齡。

我想分享一些「我的小時候」：我從小在香港生活並接受教育到中學，當時對運動也有興趣，曾經是學校籃球校隊的成員。1989 年離開香港到加拿大溫哥華升學，讀的是地理，主修 Regional Planning（城市規劃），但並沒有從事相關工作。1997 年回港，不經意地走進 Fashion Industry（時裝工業），一做 10 年。2007 年，我成功轉行成為私人健身教練，任職到現在，相信會繼續做到退休。

在加拿大的時候，我開始接觸「特別」飲食法，好像 Atkin's Diet（阿特金斯飲食法）、Cabbage Soup Diet（椰菜湯飲食法）、Weight Watch Diet（體重觀察飲食法）、South Beach Diet（邁阿密南灘飲食法）等等，於是我經常到書局看此類書籍，並留意到這些全都是因為愛美食但又怕肥，於是想尋找一些方法可以使自己「食極都唔肥」。大家都明白，人總是貪心，很明顯我貪食。

12、13 歲曾經是學校
籃球校隊的成員。

14 歲熱愛戶外運動。

這本書其實有大部分內容都是講飲講食的，那是我從多年經驗得出的心得。事實上，我真心覺得自己是一個極之普通的人，只是幸運地有較好的基因及作出適當的生活選擇，從而造就成現在的我。

香港其實有不少高質素及用心的健身教練，所以有關運動方面的意見，我只作簡單的講解。此書主要圍繞我怎樣從方方面面的日常生活習慣中，維持較年輕的外表，你準備好了嗎？

## 阿 Pam Fit 檔案

年　齡：50 歲
身　高：168 厘米
體　重：119~127 磅（季節影響）
肌肉量：50%
體　脂：10 至 13%

# 目 錄

## Chapter 1　別相信瘦身謬誤

### 阿 Pam 的減肥路是怎樣練成的？

#### 女士篇

## Chapter 2　恆常運動不偷懶

## Chapter 3　瘋狂愛吃一樣瘦

### 阿 Pam 的大食分享真的是「非常」食法！

### 6 款素菜食譜在家煮

## Chapter 4　童顏不老看心境

### 阿 Pam 的開心境界來自積極正面人生觀

# CHAPTER 1

## 別相信瘦身謬誤

# 阿 Pam 的減肥路 是怎樣練成的？

### 曾經患過「Binging 暴食症」

年幼的時候，我「食極都唔肥」，到外國讀書時，飲食習慣改變，同時又沒有怎樣運動，體重便隨之漸漸上升。體質改變之後，一吃多便肥起來，最高達 145 磅，以我 168 厘米身高來說，真的算肥。

每個人只要一想到減肥，通常都想用「折衷」辦法，我也曾試過吃一些聲稱可減重的代餐及燒脂丸等等，減肥貼也用過，所有這些只有短暫用途，但有些卻完全沒有效果；最可怕的是，我將自己陷入了 Yo-Yo Diet（暴飲暴食後胡亂節食，造成「搖搖效應」，令大腦誤以為身體處於飢餓狀態，體重也因而大上大落）。我也曾經患過「Binging 暴食症」，意即進食後儘快扣喉希望可以把剛吃的食物嘔吐出來，幸好自知有問題，大約兩個月就停止 Binge，並搜尋及閱讀有關 Eating Disorder（飲食紊亂症）的書籍及資訊。簡單來說，患上暴食症的人，為了避免超重，會經常服用瀉藥及在餐後扣喉，由於每次進食後會有罪惡感，所以都會立即儘快扣喉，而嘔吐可致咽喉長期發炎、牙齒被胃酸侵蝕受損、也可能有胃酸倒流的情況出現。幸好，我一早發覺自己出現問題，及時正視，更立即停止大吃大喝，因此並沒有太大的傷害及後遺症。

19 歲，體重曾高達 145 磅。

## 體重控制轉捩點

我未開始及不太懂做 gym 之前，有一位擁有國際教練牌的朋友，特地花時間教我做一些基本的負重運動，希望我能在家自己進行一些基本鍛鍊。我的 Weight Training（重量訓練）就從那時開始，當時我 27 歲左右，自己在家鍛鍊約年半後，發覺器材不足，那時我只有兩對不同重量的啞鈴，於是決定 join gym，當年女生去做 gym，九成以上只是做 cardio，而我 cardio 及 Weight Training 都會做，從此便開始玩 gym 了。

起初，我一星期只去 3 日，後來增至 4 日，再加至 5、6 日，不久便習慣日日去「尖一尖」。這樣一做便做了 20 年，除了 8 號風球，健身室不開放，我每日早上都會去做鍛鍊。現在成為教練，工作的地方就是 gym，更加方便我進行晨操。運動令我整個生活都起了正面變化，我更加注重飲食及其營養，也關注睡眠質素。只有健康的生活習慣才能有健康的身體，而我能有現在的模樣也必定因為以上原因。

參考資料：
Micheal Greger M.D. FAVLM (December 30, 2019) *Are weight-loss supplements effective?* Retrieved from http://NutritionFacts.org

女士篇

## 用最短最快時間去減，即使傷身也不顧

想減重的女士，一心只想以最短最快的時間來減最多的重量，有時就算知道可能會傷害身體也不顧，好像吃去油丸、去水丸等。

不少女士為了減肥都會選擇節食，而此類不良的減肥方法容易使身體健康受到「威脅」。長時間節食或攝取過低卡路里，不但造成營養不良，更可能引起腸胃功能受損。節食或攝取過低卡路里可嚴重降低身體基礎代謝功能，同時也會擾亂體內的內分泌荷爾蒙，令健康出現不可逆轉的傷害。

對某些人來説，節食或攝取過低卡路里來減肥，可能會比較快見到效果，但是同時也反彈得最快，一旦吃多一點，體重就容易反彈，於是掉進惡性循環，所以千祈不要這樣對待你的身體。你只有一個身體。謹記要好好對待自己，需要減肥的人要從正確途徑慢慢的減。不需要減肥的，也要勤做運動，鍛鍊好自己身體，令自己更加強健。

## 太急進，狂做過量運動

當身體被迫在超量的壓力負荷下，未見其利先見其
害；過量運動招致情緒焦慮低落、失眠、代謝失調、
停經等。運動應循序漸進，體能是需要慢慢一點一
點來累積的，太急進只會令身體受傷；我會建議剛
開始做運動的人最好加入 Rest Day（休息日），休
息一天就是為了明日更好的運動表現。

## 不停做腹部運動便可以減肚腩？

有些女士以為不停做腹部運動，如捲腹便可以減肚腩。我接着要
向大家講一個可怕的事實，你最討厭的位置，例如肚腩（我自己
就是大腿）正是最難減去脂肪的位置。研究報告顯示，我們雖然
能夠 Spot Reduction（能控制某一部分的身體作出脂肪燃燒），
但是結果並不明顯，所以我會建議把整個身體平均訓練才是最好
的方法。我們的身體因先天基因及生活習慣原因，頑固的脂肪會
選擇性囤積在身體某一些位置，那就是我們最討厭的位置。雖然
如此，恆常運動月復月年復年，身體形態也可得以改善；所以説
到底，長期的正確運動及鍛鍊方可幫助改善體型。

## 只做帶氧運動，減重就最快最好？

覺得只做帶氧運動來減重是最快最好？到現在還有不少女
士上健身室往往只走上跑步機或太空漫步機，不敢觸碰其
他看似很複雜、很重型的健身器械。其實，健身室除了帶
氧運動器械之外，還有不少器械、器材及用具都適合瘦身、
修身，而且在健身過程中必須以帶氧及負重運動互相配合，
減脂及修身效果才會更快更明顯，才會有更好的線條！

## 只做短期訓練便能立即見效？

有些人無耐性，只進行短期訓練便希望立即有效果。所
有事情都要持之以恆，才可有望見到理想效果。大家所
羨慕的身形，全部都經歷年月日的洗禮。當然有些基因
較為優質的人會比較快見到效果，但是若果那些人沒有
不斷練習，基因怎樣好也沒用，沒有耐性，不堅持，當
然不可能成功達到目標。

## 做負重運動會變成「大隻妹」？

不少女士都害怕做負重運動會變成「大隻妹」。其實，女性過了 30 歲以後，肌肉量便會隨着年齡增長而開始迅速降低，每年流失率可高達肌肉體重的 1.5%，而肌肉是燃燒卡路里及脂肪的重要因素；因此流失肌肉會更難消耗，換句話説更容易囤積脂肪而變胖。

此外，女性先天體形在未經訓練的情況下，肌肉量約只是男性的 2/3。儘管訓練後男女肌肉也可增長，但初始的差距永遠存在。女性由於雌激素影響，先天就是較少肌肉，較多體脂。根據美國運動學會（ACE）資料，男性體脂率平均 18~24%；女性 25~31%。而「必要體脂率」（維繫健康必須的體脂率），男性不低於 2~5%；女性不低於 10~13%。所以，在同一體重下，女性就已有更多的體脂及較少肌肉，再者大部分女士的訓練方法和程度與健美運動員實在相差太遠，是不可能變得像她們一樣的。所以別再多慮，快快動身做運動。

參考資料：
K. Aleisha Fetters, M.S., C.S.C.S. (September 21, 2017). *How Much Does Strength Training Really Increase Metabolism?* Retrieved from https://www.self.com

男士篇

## 想大隻只顧做 Gym，不懂配合其他生活習慣

很多人想練大隻，只顧做 gym 但不懂得配合飲食及其他生活習慣，包括睡眠，是注定不行的。每個人增肌的速度都不一樣，體重、體脂率也都不同，所以不同狀態的人增肌的建議也各有分別。

先從蛋白質攝取來講，不同性別、體脂率、訓練量、訓練強度、年齡都會有不同的建議攝取量。網上通常都是用總體重來建議你的蛋白質攝取量，但其實如果體脂偏高、肌肉量也沒那麼多的人，用總體重來計算就會容易蛋白質過量，我會建議用減去脂肪體重後的剩餘重量來算，並 × 2.2~2.5g/ kg。這建議是給有認真鍛鍊的人，舉例總體重量 80kg，脂肪重量 12kg，即 80-12 = 68 kg、68 x 2.2g = 149.6g。所以一位 80kg 男士若脂肪有 12 kg 的話，他每日該攝取約 150g 蛋白質。

另外，也要留意進食太多蛋白質，你只能降低碳水化合物或脂肪的攝取量，否則可能會變胖，但是若少了碳水化合物，你便會減低了運動能力及表現，謹記要聰明調整飲食內容，以至不會影響正常的運動狀態。

我會建議一開始時，你可以認真地計算主要營養素包括進食的蛋白質、碳水化合物和脂肪量等；習慣了之後，便可大概知道要吃些甚麼及份量。我其實也曾經花過點時間計算每天蛋白質的進食量，除此就再沒有精算其他的主要營養素，現在就是靠直覺吃，然而我會很注意自己的體重及訓練狀態，從而作出調整。

講完食又講另一個大家都會忽略的重要話題——睡眠，睡眠對於每個人都很重要，睡不好減肥效果可減低 50% 的效率。沒好睡的人會出現各種荷爾蒙異常，會使身體容易積聚脂肪並不容易長肌肉，食慾增加，血糖也會出問題，各種因素也會增加脂肪，減少肌肉。

人體的生長肌肉激素大部分是在睡眠中分泌，它會在你入睡後，進入深層睡眠後才分泌出來，此時會進行身體修復，也即是蛋白合成，修補在訓練中受「損傷」的肌肉，使之成長及強化，從而便可應對更高強度的鍛鍊，這樣的修復時間可長達數小時。謹記必須要有充足的睡眠時間，讓身體進行修復。

參考資料：
Peeta (September 25, 2018).《增肌飲食安排的關鍵》。擷取自 https://www.peeta.tw

## 太注重做「T-shirt muscle」

所謂「T-shirt muscle」，就是胸、膊頭、手臂這些部位。在健身室比較少會看到想增肌的男士們經常練腿，他們大部分只注重上半身，好像三角肌（肩膊）、肱二頭肌（老鼠仔）、肱三頭肌（拜拜肉）有多大、胸肌有多厚、背闊肌（背部）有多寬、腹肌（朱古力格仔）有多明顯，是「6 pack 定 8 pack」等等！

其實，如果不經常練腿，上述部位的肌肉都生長得慢！每次練腿你會分泌更多雄激素（女士不用怕，我們的雄激素只有男士 1/10~1/20，平均女士有 15~70ng/dL，而男士有 280~1,100ng/dL，我們並不可能像他們那樣肌肉增成那麼大），從而可幫助你的肌肉生長。此外，也能讓你全身看起來平均美觀，不會因為上身大、下身小而導致身形看上去比例古怪！

## 大部分男生不喜歡做帶氧運動

帶氧運動主要通過氧化體內脂肪或肌糖等物質來提供能量，運動時全身大部分肌肉都一同參與，運動時間最理想持續最少 30~40 分鐘。長期堅持帶氧運動能增加體內血紅蛋白數量，提高身體抵抗力，更可抗衰老，並提高大腦工作效率及心肺功能，防止動脈硬化，強健的心臟可以把充滿氧氣的血液送到全身，降低心腦血管疾病的發病率。

參考資料：
Erica Cirino (June 10, 2019) *All about testosterone in women medicalily.* Reviewed by Deborah Weatherspsoon, PhD, RN, CRNA. Retrieved from healthline.com

## 以為搏命加重就能練大隻

男士最愛是搏命加重，覺得做得愈重就會大隻可生出更多肌肉，卻沒有注意動作是否正確。安全負重訓練有 3 個重點：姿勢要正確、必須控制肌肉，並配合呼吸而進行。

- 姿勢要正確是基本元素，這樣才能訓練到正確的肌肉群啟動，避免壓迫不恰當部位而受傷。

- 學會控制正確運用肌肉，才不會用錯力或借用其他不必要的肌肉筋健骨骼作輔助、減低導致肌肉或骨骼受傷的可能。

- 呼吸同時要配合動作，負重訓練過程如果閉氣，容易產生所謂「努責效應」而引發血壓過度快速升高。

由於帶氧運動可使人體吸入比平常更多的氧氣，促進新陳代謝，有助增加肌肉力量和耐力。另外，大量的肌肉群持續地進行有節奏的運動，不但可鍛鍊心肺，同時肌肉也強健起來，並帶動人體循環系統加強運作，體內的脂肪也因此被代謝，有助降低體內脂肪百分比，肌肉線條也可明顯起來，並且有益於整個身體健康。所以請各位不分男女老少，必須經常進行帶氧運動。

參考資料：
Paige Waehner (October 31, 2019) *Everything You Need to Know About Cardio.* Reviewed by Tara Laferrara, CPT. Retrieved from verywellfit.com

# 4 大飲食謬誤

## 謬誤 1：

## 將卡路里減至最低可快速減磅

不論任何一種減肥減脂的方式，若需要長期「捱餓」的話都肯定是錯誤的；因為餓肚子其實就是極低熱量的飲食法，雖然會瘦，但會流失大量肌肉，流失肌肉的代價就是基礎代謝率降低。因為正常人是不可能一輩子少吃，而且「捱餓」久了很容易因壓抑過度而造成暴飲暴食，暴食後的內疚感又會令你進入另一超低卡路里的飲食；這樣兩極化的飲食模式只會搞亂身體的正常運作，等到一正常吃也就馬上胖起來，通常會增加脂肪！

其實那些極低熱量的飲食法，後果跟餓肚子是一樣的，最後都會胖回來，還給你更多的肥！如果能一直吃極小量，那變相是一種飲食病態，即「厭食症」，那是極度危險的病症，必須儘早找醫生治療。

# 謬誤 2：

# 標籤寫有「低脂」或「減脂」的都是健康

食品的含脂量低於 30% 才能被稱為「低脂」。但是，這類產品往往本身就含高脂肪和高熱量；所以即使列明「低脂」，它所含的脂肪和熱量仍然很高。而「減脂」是指食品比原本同樣的食品減脂最少 25%。「低脂」或「減脂」的食品所含的熱量不一定低，而它所含的脂肪可能被其他成分所代替；所以這種食品所含熱量（卡路里）可能跟正常食品一樣或更高。

現在也有不少食品寫上「低糖」，所以找來兩款同樣淨重65克的蛋糕作比較。

**低糖蛋糕**
能量：211 千卡
蛋白質：6.4 克
總脂肪：5.5 克
飽和脂肪：1.4 克
碳水化合物：34.2 克
糖：0.5 克

**正常蛋糕**
能量：202 千卡
蛋白質：5.3 克
總脂肪：4.7 克
飽和脂肪：1.2 克
碳水化合物：34.6 克
糖：19 克

備注：比較之下，可見低糖產品雖然含糖比正常產品低，但其卡路里竟比正常產品更高，其中主要是因為增加了脂肪。

# 謬誤 **3**：

## 食飯會肥，所以減肥就要戒飯

不少人為了減肥會戒吃，或儘量減少攝取澱粉質，包括米飯、麵食及麵包等。事實上，缺乏碳水化合物可能會導致頭痛、便秘及肌肉流失等問題，建議一般人一天內總卡路里應攝取 55%~60% 碳水化合物，以維持身體熱能及腸道健康。

有一個詳細醫學報告（European Society of Cardiology Congress）發表有關過低碳水化合物攝取與死亡率的直接關係，此報告開始於 1999 年進行，當時有 24,825 位人士經過約 6.4 年追蹤，接着有 450,000 人士並經 15.6 年追蹤而得出結果。總括結果是，食用極少碳水化合物的人，其死亡率高過進食極高碳水化合物的人達 32%，死亡原因其中包括心臟病及腦血管疾病等。

除了以上較為嚴重的問題外，不吃或進食極少澱粉質，熱量不足，使身體很容易會以蛋白質來作燃料，長期下去只會流失肌肉及導致營養不良；所以一定要吃碳水化合物，但要選擇吃優質的，即是複合性的碳水化合物，例如糙米、番薯、南瓜、芋頭、豆類、全麥類，這些都是非常好的複合性碳水化合物。懂得選擇可令減脂事半功倍之餘，身體也健康。

參考資料：
Ana Sandoiu (August 28, 2018). MedicalNewsToday, *Low-carb diets' are unsafe and should be avoided.*

謬誤 4：

# 想要好身形就要食雞胸肉及西蘭花

很多人一聽到如健身要吃得健康，就要吃無皮白焓或者清蒸雞胸、魚柳與西蘭花等等，這思想實在太過時了。其實健康食物選擇繁多，我之後也會介紹一些餐單給大家作參考。無論你是在減重減脂，或是想追求健康體魄，食物營養都是幫助你達標的重要因素。只要吃得對，不單可以幫助減體脂，更有助增強身體抵抗力。

# 6 大最流行
## 減肥飲食法優點及缺點

## ① 生酮飲食法（Ketogenic Diet）

| 優點 | - 減磅快。<br>- 可以享用大量肥美食物（建議混合食法：75% 脂肪、20% 蛋白質、5% 碳水化合物）。 |
|---|---|
| 缺點 | - 由於進食大量高脂食品，心血管容易出現問題。<br>- 新陳代謝率會因此減慢。 |

參考資料：
Michael Greger M.D. FACLM. (September 11, 2019) Vol 47.

**WHAT'S IN A
ANT-BASED DIET?**

Fruits

Vegetables

Whole Grains

Beans +
Legumes

Nuts

Seeds

Health

## ② 植物性飲食法（Plant Based Diet）

| | |
|---|---|
| 優點 | - 進食非常小量肉類已經減低心血管病，以及減低患癌其中之一個誘發因素。<br>- 減低身體低密度膽固醇（俗稱壞膽醇）。 |
| 缺點 | - 多數需要花時間自行準備膳食。<br>- 可能因偏食而需要進食某些營養補充品。 |

參考資料：
Medical New Today (August 10, 2019). *Title: Plant based diet may reduce cardiovascular death risk by 32%.*

## ③ 原始人飲食法（Paleo Diet）

| | |
|---|---|
| 優點 | - 建議不進食加工食物，就像我們的石器時代人類一樣，只食完整食物（Whole Food），減低進食 Trans fat 對身體有正面影響。<br>- 這飲食法沒有控制卡路里，但也能減磅及穩定胰島素。 |
| 缺點 | - 由於建議進食大量肉類，因此進行此種飲食法，容易提高心血管病變。<br>- 由於建議不進食穀物及豆類，但是此類食物其實高纖維、營養豐富，有助強化心血管機能。 |

The
**PALEO DIET**
OVERVIEW &
THINGS TO KNOW

參考資料：
· Maria Cohut, Ph.D. Medical News Today (July 23, 2019). *Paleo Diet may be bad for health.*
· Harvard T.H. Chan (School of Public Health) *The Nutrition Source, Diet Reviews, Paleo Diet for weight loss.*

## ④ 純素飲食法（Vegan Diet）

**優點**
- 沒有進食任何肉類或海產，減低心血管問題，更有幫防癌及抗癌。
- 會進食大量纖維及抗氧化食物，使身體自行修復能力增強。

**缺點**
- 必須懂得選擇及進食含豐富各種營養的食品，以防因食純素而失去某些重要營養或維他命。
- 純素未必代表食得健康，例如薯條、某些餅乾（有機會是不健康的 vegan 食品，過量食會影響身體健康）。

參考資料：
*The American Journal of Clinical Nutrition,* Volume 89, Issue 5, (May 2009)

## ⑤ 得舒飲食法（DASH Diet）

**優點**
- 由於建議食低脂肪食品包括奶類，不建議食紅肉，更建議進食大量蔬菜及穀類，可減低患高血壓及心臟病。
- 由於食物種類較多選擇，營養較均勻沒有需要添加營養補充食品。

**缺點**
- 此飲食法並不能於短期內減磅。

參考資料：
Retrieved from health.usnews.com, *DASH diet: What is DASH Diet?*

## ⑥ 間歇性／輕斷食飲食法（Intermittent Fasting Diet）

| | |
|---|---|
| 簡介 | 主要有 6 種不同的斷食法：<br>1. 16/8 小時算斷食（16 小時斷食）<br>2. 5：2 日算斷食（1 星期 2 日斷食或食少於 500/600 卡路里）<br>3. 食一斷食一食（1~2 星期做 1 次 24 小時斷食）<br>4. 隔日斷食（每隔 24 小時斷食 24 小時）<br>5. The Warriors Diet（整日只於晚上食一大餐，其餘時間只食極小量生果及菜）<br>6. Spontaneous Meal Skipping（自發斷食，隨時感到身體需要抖抖，便斷食其中一餐，1 星期可斷食 1~5 餐不等） |
| 優點 | - 有 6 種不同間歇斷食方法，可以依個人喜好進行。<br>- 間歇斷食使腸胃系統得到長時間的休息及修復。 |
| 缺點 | - 如工作需要進行長時間的大量體力勞動，此飲食方法未必適合。<br>- 由於只能於短時間內進食，心理上覺得需要進食更多以防止過度肚餓，有可能會因此進食過量卡路里。 |

參考資料：
· Kris Gunnars, BSc. (June 4, 2017). *6 popular ways do intermittent fasting.* Retrieved from healthline.com
· Jim Stoppani (April 19, 2019). *4 reasons why you should intermittent fasting.* Retrieved from Bodybuilding.com

# 教練與學生 Q&A

## Q1,

Janice 問：甚麼時候開始做 gym？為何會做 Weight Training（帶氧量訓練）？因為想靚想瘦？

最初只是在家做一些簡單拉舉啞鈴的動作，後來發覺做 gym 需要的用具比較多，接近 30 歲時才開始正式參加 gym。我相信大部分女士都有同樣想法，女士瘦瘦的穿甚麼都好看些。

## Q2,

Janice 問：有沒有貼士給女士們，怎樣減肥最快？

當然有。就是立即坐言起行，食得健康。我從來不主張食得少，因為這樣會減低新陳代謝率，反而要注重食物成分才能健康地減脂，還有要做運動。永遠要謹記想擁有健康體魄及好身形是沒有捷徑的。

# Q3,

**Janice 問：** 你以前從事 Fashion 行業是否會着得好靚出街？為甚麼「無啦啦」轉行？

我做的品牌全部都較為 casual，包括我最愛的 double-park，而我是個潔癖者，所以只以乾淨整齊為主，從來都不、或者可以說「懶得貪靚」。另外，我開始做運動的時候，當然是為了貪瘦，知道做這種運動可以令身形好看些。後來還去考一個教練資格，當時並沒有想過要改行做教練，只是想知道自己天天進行的運動有沒有做錯。之後，感覺到自己非常喜愛做 gym，考慮了大約一年半，終於決定離開時裝行業，轉行做健身教練。

# Q4,

Peonny 問：肚腩是否最難結實的一部位？可有特別針對減肚腩的運動嗎？還是最主要都是飲食？

每個人的身體也不同，肚皮對於某些人會較難減，例如生產過的女士，這是由於肚皮曾脹大；年齡較長的男女也較難收緊，因為年紀愈大，脂肪也較容易聚積於肚子。當然一些針對性運動也有助收緊肚皮，但注意飲食會更加有效。

# Q5,

Peonny 問：跑步是否最快減到肥？還是負重運動快些？抑或是兩樣一齊做再加上少吃澱粉質食物？

沒有一種方法包括運動及飲食能不傷害身體而又可快速減肥。你提及的帶氧運動不只有跑步、跳繩、太空漫步機、踏單車，游水等，持續做最少 20 分鐘以上才有助減脂。此外，負重運動除可減脂也有助增肌，增肌可令新陳代謝上升，所以任何運動也有助減肥，只要選擇喜愛的便可，因為只有自己喜愛才能持續。澱粉質並不邪惡，只要選擇正確便有助減肥，它給予身體能量，這樣才有體力去運動。有不少高澱粉質食物有非常多不同的營養素，有些可助腸臟健康如豆類，也有些含抗氧化物如黑朱古力，最重要是懂得選擇。

# Q6,

Fanny 問：「穴位按摩」可代替運動嗎？很想有不努而獲的方法，又或者不要太貪心，有協助或加速運動效果嗎？

大部分人都想不努而獲，而你的身體就最公平，如果你真的感到穴位按摩可幫助你加強或加速運動效果，而又沒有不適或不良的感覺，你當然可以去進行此種服務。但你心知此種按摩是絕對不能代替正常運動的，只要繼續進行運動，你絕對可以選擇性地進行你感覺良好的事，就好像有些人喜愛「蒸汗」一樣。我本人就一向簡單，只會注重運動本身及飲食的事。

# Q7,

Peonny 問：你除了生病之外，是否每日都會做運動？有沒有休息的時間表？

其實除非我病重，否則我會照做運動，完成當日的運動後，餘下的便是我的休息時間。

# 小結

最常見的減肥錯誤是太過急進，我們的脂肪是日復日，年復年囤積起來，你希望一星期減 10 磅，而採取對身體傷害性極大的方法，例如吃坊間買到的減肥藥或去水丸等藥物，又或者長時期只進食極低卡路里、長期過度運動，到頭來脂肪未減已經斷送了健康。反反覆覆用不恰當、不健康的方法只會令以後的減磅目標更困難。

我們需要聽從身體所發出的信號來決定減肥時所需要的運動量，以及進食的份量。事實上，減肥減得慢，並不代表不成功，只要身體仍然可以維持正常生活，並繼續慢慢的減磅，這樣其實可防止體重反彈，慢慢地、健康地減重減脂，並能長久持續下去。

減肥減得慢，
不代表不成功

# CHAPTER 2

## 恆常運動不偷懶

# 阿 Pam 的運動日常
## 哪有人能做得到？

### 超過 20 年用身體去堅持

我習慣每天早上做運動，此習慣維持了超過 20 年，也有休息的時候，那就是當掛上「8 號波」或更高的風球時，gym 房不開放的日子，我便只好休息。我不喜歡在家做運動，在家有在家做的事情，例如休息、看或聽電視、看 IG（最喜愛看別人的 eating shows），有時寫稿、煮食、清潔等等。

20 多年的做 gym 經驗，當然也試過不少運動 combo（運動套餐），因為每個人的身體體質不一樣，所以最好是自己用時間，身體力行去試試哪一種方法最適合自己。

我早上習慣進行 60~70 分鐘有氧運動，完成後整個人都感到暢快。

## 一向都愛做晨操

早上做運動這習慣在我 1997 年回港後一直維持到現在，當然當年的所謂運動不可與現在相提並論，因為當時沒有特別方向。由於離開香港 8 年多，一心只想陪伴爸媽「行下公園郁下」，直到我搬離屋企後，才真正認真地研究自己的運動習慣。到現在我會先進行 60~70 分鐘的帶氧運動，並選擇「太空漫步機」；因為這樣對我的膝關節比較少壓力，我的膝關節多年前因不懂得正確運動方法及姿勢而受傷，所以經常會有後遺痛症。接着便進行 60~70 分鐘的負重運動，這種運動模式已經超過 5 年，感覺非常良好，而且也能配合我的工作時間表。

我已經 50 歲了，雖然外表不太像，但身體各方面的機能的確已經歷 50 年了，所以現在我所進行的運動強度比從前降低了不少，務求盡所能「keep 住」有健康的身體及體能以應付日常的生活及工作。

# 帶氧運動 VS 負重運動

這裏不花時間解釋這兩種運動的好處及能量消耗等內容了，有興趣的朋友可以上網找，內容可以非常詳盡。我想講的是，每個人的目標、要求、體質和能力都不同，這兩種運動當然最好同時配合進行，因應個人需要及能力，調節強度，以達到個人能力最好的效果。

我並不是賣關子，這是事實，否則為甚麼有些人會有所謂「食極都唔肥」，有些人則自稱「呼吸也會肥」，這就是不同體質的分別。雖然如此，但是體質也可因應長年累月的恆常運動而改變。此外，有些人做很多運動，但也不能瘦；但有些人卻「郁下都減到磅」，還喜現線條。

每一個人都有個別不同特質，除了體質外，生活習慣、年齡、性別、從事的工作、飲食習慣，作息等等，事實上每一方面都有影響。只要大家肯做，用正確方法去做，這兩種運動對身體必定有正面影響。

## 哪些運動最適合減肥減脂？

所有正確姿勢的運動，包括帶氧運動及負重運動，只要
肯做及適當的做，持之以恆的話，再配合正確的飲食及
休息，那就是最適合你的健康減肥減脂的方法。

### 不同年齡應付減肥減脂的分別

年齡是其中一個因素，運動習慣及運動經驗、身體狀況、傷患
情況、生活習慣等全部都會影響減肥減脂的進度。所以我從不
以偏概全，每個人的運動能力不同，生活習慣也不同，一定要
視乎個人能力及需要，循序漸進地進行正確的運動及正確飲
食，健健康康地慢慢減肥減脂。我從不建議人用速成法傷害身
體來進行減肥減脂，這樣雖然可以在短時間內達到減磅效果，
但卻換來傷害身體，更甚的是永久而負面影響身體運作或出現
種種後遺症，例如脫髮。事實上，年紀愈大某程度上也較難減
脂減磅，所以最好的方法是「不要使自己變胖」，希望大家清
楚明白以上這句話的意思。

# 5 大健身室動作

以下動作主要是改善一般多坐久坐的上班一族問題，所以我盡可能用一些大家容易明白的詞彙，簡單講解動作需要用到的肌肉及做法，再提提大家每個人身體的需要不同，可以的話請找你的健身教練進行相關的鍛鍊。

STEP 1

# 動作 1：
# 背肌企立滑輪划船（Back Row）

主要鍛鍊背部肌肉，大部分人都有圓肩問題，由於背部肌肉少鍛鍊，引致肌肉無力。這個動作有助增強背部肌肉力量，減少圓肩問題。

**做法：**

**STEP 1**　先把適當的重量從滑輪拉出，半坐以防被拉回去。

**STEP 2**　輕輕吸氣，穩定後肩部下沉，背部發力並把手柄拉到兩邊側近下胸肋骨位置，同時作出呼氣。

**STEP 3**　感覺背部肌肉收緊後，再慢慢放鬆背部肌肉，並把手柄以相同軌跡還原回起點，同時作出吸氣。來回做拉放 15~20 次，3~5 組。

STEP 2

STEP 3

# 動作 2：
# 硬拉（Deadlift）

主要鍛鍊臀部肌肉，大部分都市人長時間坐在電腦前
工作，臀部肌肉長期處於被過度拉長，這個動作有助
收緊臀部肌肉。

## 做法：

 **STEP 1** 選擇好槓鈴或啞鈴後，把重量放在大腿前
面，腳掌比肩部略寬。

 **STEP 2** 輕輕吸氣，挺胸收腹後慢慢把上身作出鞠
躬姿勢，槓鈴或啞鈴貼着身軀下降，但要
注意膝關節要微微作出屈曲。

 **STEP 3** 保持上身挺直，收緊肩胛骨。當槓鈴或啞
鈴到達膝關節後，維持背部挺直。

 **STEP 4** 利用後大腿肌肉及臀部肌肉的收縮把槓鈴
拉回原來位置，同時作出呼氣。來回做拉
放 15~20 次，做 3~5 組。

# 動作 3：
# 弓步半圓平衡球

弓步蹲主要用於強化大腿肌肉與臀大肌這兩個部分，弓步蹲本身已可助增強身體的穩定性，現在加用平衡球，此進階版特地給予平衡較好的人士增加訓練難度，也就是再進一步增強核心肌群的肌力。

做法：

 **STEP 1** 上身挺胸收腹，背要直，雙腳與肩同寬。

 **STEP 2** 其中一隻腿跨前踏上平衡球頂部，而距離大約可以讓自己大腿與小腿呈 90 度直角。

 **STEP 3** 後腳膝蓋也屈曲至 90 度但不碰地，完成後收回跨出的腳，此動作主要跟着節拍正常呼吸，先做一邊腿並來回 10~15 次為一組，做 3~5 組。

STEP 1

STEP 2

STEP 3

還原最
初姿勢

# 動作 4：
# 三頭肌伸展

男士希望三頭肌結實粗壯，女士希望「拜拜肉」結實幼細，夏天穿背心更好看。此肌肉平常極少運用，所以需要花多點時間鍛鍊。

做法：

 先選擇適合重量的啞鈴，輕輕吸氣，上身挺胸收腹並俯身，俯身幅度差不多與地面平行，把拿啞鈴那邊的手肘放在身旁並略高於背部，手肘為直角 90 度。

 接着把手肘伸展成直線，同時呼氣，之後再把拿啞鈴的手肘曲回起點。手肘伸屈才算完成一次，來回做屈曲伸直 15~20 次，做 3~5 組。

STEP 1

STEP 2

## 動作 5：

# 核心肌群滑輪伐木式轉動

大部分人的核心肌群非常弱，所以不少人會出現腰痠背痛問題，想改善痛症必須花時間鍛鍊。簡單說，核心肌群就是一群負責保護脊椎穩定的肌肉群組。深層的核心肌群是指圍繞脊椎周圍和深層的腹壁肌肉。當這個肌群正常收縮運作時，可維持脊椎的穩定性，增加脊椎的支撐性，減少脊柱所承受的負擔及椎間盤壓力。強化核心肌群可增加下支穩定性，從而有助鍛鍊下肢力量。

核心肌肉的訓練可分為橫向旋轉、斜上而下、斜下而上、向前彎曲、向後伸展。多角度的訓練才能讓核心力量發展得更完整。

STEP 1

**做法：**

上身挺胸收腹，背直，選擇適合的重量後，把手柄從滑輪拉出，雙腳與肩同寬。

把雙手伸直但不鎖住手肘關節，輕輕吸氣。

利用腰部作伐木式，即斜上而下旋轉來拉動繩索，同時作出呼氣。來回每邊做旋轉 15~20 次，做 3~5 組。

STEP 2

# 4 大動作在家做

以下動作的主要目的，是希望大家在家時，如果想做一些簡單
的運動也可以試試，這些運動有助強化一些比較弱的肌肉群。
謹記由於沒有教練在旁指導，做的時候一定要專注，最好是有
全身鏡對着做，留意自己的姿勢是否正確。

STEP 1

STEP 2

# 動作 1：

# 椅子蹲坐（Chair Squat）

由於大部分人都習慣久坐，在公司的時候坐着對電腦，在家的時候坐着或半坐半臥對電視或電腦玩遊戲，長時間及長期久坐，令腿部肌肉越來越虛弱，此動作主要是鍛鍊大腿肌肉以增強下肢力量。

**做法：**

**STEP 1**　準備一張紮實、能固定的椅子，輕輕吸氣，挺胸收腹且背要直，雙腳與肩同寬。

**STEP 2**　把挺直的上身傾前約 45 度，膝關節屈曲慢慢下坐到椅子上。

**STEP 3**　臀部接觸到椅子後，繼續挺直腰背並從椅子上企立回原位，並作出呼氣。一坐一立為一次，坐立重複 15~20 次，做 3~5 組。

STEP 3

# 動作 2：
# Leg Raise Abs 抬腿（腹部肌群）

跟之前提及的相似，大部人由於習慣久坐，腹部肌肉極為虛弱，加上坐姿不正確，形成腰痠頸背痛等問題。強化腹部肌肉有助減低痛症。多數人會進行上身捲腹運動，這個動作主要針對下腹作訓練。

**做法：**

**STEP 1** 首先坐在一張固定的椅子上，雙手放在椅子旁或扶手以固定身體，雙腳可互相貼着。

**STEP 2** 收縮腹部肌群，膝關節固定成 90 度，並把雙腿提起，同時呼氣，雙腳提起的幅度視乎個人能力，只要感覺到腹部肌群全部收緊便可。

**STEP 3** 之後慢慢把雙腿放回原位，視乎個人能力雙腿可選擇騰空或放在地上。一收一放為一次，重複 15~20 次，做 3~5 組。

## 動作 3：
# YTA 背部肌群運動
# (YTA Upper Back Exercises)

此動作針對上半背部肌群，由於大部人的各種生活習慣都是在正前方進行，背部肌肉經常被拉長並較為虛弱，強化此部分的肌肉，可減低圓肩問題，令背部更加挺直，整個人看起來也精神。

STEP 1

**做法：**

**STEP 1** 整個人趴在牀上，背脊向天，頸椎與脊椎成一直線，收緊
腹部並把背部收緊，雙手伸直騰空，並做出三個英文字 ：
「Y、T、A」的形狀。

**STEP 2** 手停留在其中一個英文字母形態時，停留 5 秒，再作出下
一個英文字母的形態，並停留 5 秒。謹記保持正常呼吸，
重複 10 次，做 3~5 組。

# 動作 4：
# 寬步深蹲（Sumo Squat）

大部分人由於工作關係長時間坐着，導致下身肌肉也變得鬆弛，寬步深蹲這個動作針對大腿內側及臀部肌肉進行強化及收緊作用。

做法：

**STEP 1** 挺胸收腹背直，雙腳企立成外八字「V型」並比肩寬。

**STEP 2** 輕輕吸氣，上身作鞠躬前彎約 45 度，背部維持挺直。

**STEP 3** 膝關節屈曲並作出坐下姿勢。

**STEP 4** 膝關節要指向腳尖位成外八字形，下降幅度視乎個人能力，最理想為大腿與地面成水平。然後收緊大腿內側及臀部肌肉並慢慢企立回原位，同時作出呼氣。一上一落為一次，重複 15~20 次，做 3~5 組。

# 教練與學生 Q&A

## Q1,

**Grace 問：做運動是否一定要跟教練？**

我認為找一位好的教練對你的訓練絕對有正面影響。除了可以指導及幫助個人達到目標，減低因不正確的運動方法或姿勢，健康也因此受益，例如減少因工作或日常生活而產生的肌肉痛症。

## Q2,

**Grace 問：最好是先進行哪種運動？負重還是帶氧運動？**

這問題經常聽到人問，沒有甚麼叫做最好，同樣地視乎個人習慣、身體狀況、目標而定。只要你肯做就已經是最好。如果有特定目標但沒有方向，而有能力負擔的話，我會建議找一位專業教練幫忙，否則自己也可以用時間去試練自己的身體。坊間有很多報告指出，一些長時間，如 1 小時維持固定心跳的帶氧運動，不能起減肥收身作用；但是我個人已經多年用此方法，並覺得有其作用。所以，最好的方法是自己用時間進行，再看結果。

# Q3,

Grace 問：運動前後最佳食物是甚麼？

一般來說，運動前 30 分鐘至 1 小時，建議食較容易消化的碳水化合物，最簡單快捷的是食生果，例如蘋果、香蕉等等，或者麵包也方便。運動後，建議儘快進食比例較多份量的蛋白質及適量的碳水化合物，同時加入優質脂肪以作補充。以我為例，目的是保持比較 lean 的體型，運動強度中等，因此我多年來已習慣早上空腹（運動前只飲水及進食運動補充品）進行運動，個人感覺空腹做運動比較舒適，因為胃部沒有東西「阻礙」。運動後，我沒有習慣立即進食，這是我個人感覺舒適及最好的做法，並不代表一定適合其他人；正如我不時提及，每個人身體都不同，選擇適當的方法給自己才能持之以恆。

# Q4,

Peonny 問：年齡已到 60 歲做負重運動有沒有限制？還是按自己能力寧可次數多也不要太重？

任何歲數都可以做負重運動，60、70、80……都無問題，按能力做重些少下數或做輕一點多下數也可以。記得你做一下，你身體就得益一下，兩下就得益兩下，只要留心自己運動時及後的反應，有不適及問題必須請教專業人士幫忙。

# Q5,

Peonny 問：做負重運動有沒有年齡上限？

負重運動當然沒有年齡限制，量力而為及可能的話自行調節難度，只要姿勢正確，任何年齡都適合做。事實上，越上年紀的人越該做負重運動。30 歲過後，每 10 年我們可流失 3~5% 肌肉，要防止肌肉流失必須注意飲食及進行適量的負重運動。

# Q6,

Grace 問：甚麼時間做運動最好？

只要能夠抽到時間做運動，大部分時間都無問題。有研究報告建議，最佳運動時間是中午至下午時分；因為整個人已清醒而且血氣循環最盛，進行運動的時候會事半功倍。另有研究報告顯示，睡前做運動會有亢奮作用，影響睡眠質素，但我認為只要能夠按自己的生活方式分配好時間做運動，就是你的最好時間。請謹記，要經常留意身體發出的信號，如果運動後影響睡眠質素，感到太疲倦，或身體異常不適，要正視問題，從而改變運動內容或時間，調節到身體經過運動後，持續有正面的效果。

# Q7,

**Fanny 問：**聽說同一種運動，隔天做效果比每天做更好，例如跑步。隔天跑，然後隔天做重力訓練，比起每天跑或每天做重力訓練，效果會更好，是嗎？

你提及以上的只是其中的一種說法，當然有其道理。我會建議你用自身進行測試，每個人的體質不同、飲食不同、生活習慣不同、能力不同，可分配的時間不同。最理想是自我進行該種你認為對目標較好的運動方式，維持最少 4 個月至半年，再分析是否真的有更好的效果，答案如果是的話，便可放心繼續，否則可能要再改變內容，或進行其他種類的運動方式。

# Q8,

**Grace 問：**經常運動的人是否需要食蛋白質粉、BCAA、Pre workout 等營養補充劑？

所有這些補充劑都有特定作用，製造時都會比一般食物更容易吸收。我在不同時段也進食過不同的補充品，以上提及的都曾經食過，由於當時的運動強度較高，我的而且確感到補充品有正面的效果。現在雖然運動強度減低了，但依然繼續服用 1~2 種簡單的補充品，希望增進自己運動的效果。

# 小結

有很多人認為做運動並不需要參加甚麼
gym 等等，事實上這些地方除了給予充
足的器械及工具讓你做得更全面之外，
gym 運動的氣氛令你更加有心機繼續維
持下去。

簡單來説，你看見別人「出晒汗」，自
己覺得也要出力些。旁邊的那位人士用
心地做，自己也感到應該再用心些。此
外，優質教練可以幫助你正確達到目標，
減低受傷風險。

Gym 的運動氣氛
令你更有心機
繼續維持

# CHAPTER 3

## 瘋狂愛吃一樣瘦

# 阿 Pam 的大食分享
# 真的是「非常」食法！

## 「澱粉控」的驚人食量

我實在太喜歡食，現在就算吃素，食物種類也沒有少了很多。我超級喜愛食 Carbs（碳水化合物），我是一個「大飯桶」，極之喜愛吃飯，不論白米或糙米，所有米飯都愛吃，每次可吃 3~5 大碗。也喜愛吃麵包，每次可吃一整條；番薯及薯仔也是心頭好；蛋糕，特別最愛栗子蛋糕，可以每次吃 1~2 磅，同時也喜愛海綿蛋糕，特別喜愛那種大大份沒有忌廉，人稱「古早原味蛋糕」或一大個形狀，如長方形麵包，有些舊式麵包舖才會做的蛋糕。另最愛咖啡合桃曲奇，每次可吃 1~2 磅；餅乾，如瑪利奧餅乾、朱古力餅乾、芝麻梳打餅、消化餅……曾經習慣吃過正餐後，會吃一整排餅乾當甜品。

此外，我也喜愛吃一些中式或港式傳統食品，例如腸粉、蜂巢蛋卷、雞蛋仔、合桃酥、鮑魚酥等等。意粉，最愛長通粉 Penne。我極喜歡吃豆類，特別是鷹嘴豆，很明顯我是真真正正的「澱粉控」。熟悉我的朋友都知道我喜愛吃牛油果，吃牛油果的「年資」已經超過 30 年，之前並不普遍流行，現在大部分香港人都知它被譽為 Superfood（超級食物），其實我一個星期可以吃 5~6 個牛油果，很多超級市場及街市都有得賣。

# 「大食積」
## 最喜愛的食物

## 單一食材萬千口味

我的另一至愛是 Almonds（杏仁），大部分的果仁我都喜歡，但特別鍾情焗杏仁，鹽焗或素燒都愛，每次可吃 400~600 克。有位學生特意研製不同口味的焗杏仁給我，其中有鹽味杏仁、檸檬味杏仁、辣味杏仁，還有不同類別的咖啡味杏仁，非常有心思，而且好好味！其實，我家裏永遠也 stock up 大量杏仁，stock level 太少會有不安感覺。

另外，我非常喜愛花生醬，只會選擇那些成分最少或單一的款式，好像只有 Roasted peanuts 及 Sea salt/salt。我不喜歡那些加了糖的花生醬，只喜歡鹹味且必須要有大量粒粒 Crunchy 那種，每次可吃半樽，曾經試食超過 30 款此類花生醬，其中有幾個牌子是我特別偏愛的。

這些不同口味的焗杏仁都是我的學生 Gina 特地研製給我享用。

## 學生愛心煮「貢品」

生果方面，除了牛油果之外，我特別喜愛火龍果、蘋果、橙（鍾意帶酸味）。最喜愛的節日食品是端午節的糉。由於吃素，我食的都是可愛學生們特地做給我的，最愛是沒有糯米的純綠豆鹹蛋黃糉；每到春節，最愛食紅豆糕，但只愛吃一間酒樓出品的紅豆糕。

學生親自做的純綠豆鹹蛋黃糉。

最愛紅豆糕

# 花生醬 3 種食法

**1.** 花生醬麵包

**2.** 花生醬拌飯

**3.** 花生醬「就咁食」

# 懶人想健康食怎麼辦？

## 自己食物自己準備

大部分人都要上班，早出晚歸，要食得健康，最好由自己準備，包括飯盒、生果和零食等等。除了清楚知道自己吃了些甚麼之外，還可控制份量及食材成分。

每次 Meal prep（備餐），我可以準備一整個星期的食物。

首先選擇生果，最好習慣放假的時候一次過買好下個星期需要食用的數量和種類，可自由配搭，我多數只會買火龍果及牛油果，有時也會買蘋果、西柚或木瓜。零食方面，可以選購一些果仁種子，細杯裝 Yoghurt、Water Biscuits（水餅乾）、豆腐、高濃度黑朱古力、芝士、無添加的花生醬、芝麻醬、杏仁醬等等。

## 罐頭食品勝在方便

至於比較複雜的事就是飯盒，內容當然要選較健康及自己喜愛的食物為主，米飯、原片麥皮、番薯、雞蛋、罐頭豆類、罐頭水浸吞拿魚（有些急凍食品非常方便且健康）、急凍青豆粟米紅蘿蔔、急凍秋葵、急凍西蘭花、急凍素餃子（無肉餃子多數會比較低油分）等等也是不錯的選擇，以上種種只要解凍，需要煮熟的時間很短，便可以食用，非常方便。

雖然罐頭食品會有防腐劑，但勝在方便，只要懂得選擇也未嘗不可。

如果你真是懶到連最基本自己安排購買食材都不做，對不起，幫不了你，算吧！不要再多想了，繼續懶，繼續不健康。只要謹記 "You are what you eat"，而且是你能夠控制及選擇的，所以如果你經常食「垃圾」食物，你便是⋯⋯。

# 怎樣給自己的飲食習慣把個脈？

## 留意身體發出的信號

每個人身體的吸收反應都不同，打個比喻，看醫生有時也要看「夾唔夾」，大家也試過看朋友推介的醫生，未必一定適合自己。同樣地，別人稱健康食品或 Superfood 也未必一定適合自己。

我會建議對自己的身體信號反應多加留意，好像我極之喜歡吃麵包，但是每次進食後，發現體重必定上升，但是吃大量米飯後卻不會有此情況。只要大家知道自己的目標，明確清楚、頻密地留意身體的任何反應，便可慢慢改善健康及身形。

我的「頭號大敵」是麵包，所以就算我非常鐘意食，也只能間中食。

# 出街怎樣食得健康？

### 隨身帶個生果打底

香港人一向忙碌，所有事情可以的話，都會想盡辦法用最少時間去完成。所以市面有大量即食產品，超市有即食飯和粥，亦有魚生壽司、沙律菜，切好的生果杯，有些還售賣中式飯餸。便利店更有即食餐、燒賣、咖喱魚蛋等等，大家一聽到就知道以上大部分都不健康，我當然不會建議大家經常吃。

事實上，大家都知道出街用餐很難控制其熱量及脂肪含量，因為食材並非自己購買，烹調方法也並非自己控制；就算同一間餐廳同一道菜，只要廚師不同，那道菜也會有不同，所以很難估計有多少熱量、蛋白質、碳水化合物和脂肪量。

如果需要減肥減磅，當然建議儘量少外出用餐。我會建議大家攜帶一個簡單的生果，例如蘋果，它較方便容易進食。蘋果能有效緩解飢餓感，高纖維、低熱量，對於正在減肥的人來說，吃一個蘋果可有助減少進餐份量。

我發現一般的西式餐廳及日式食店，比較容易選擇食物，以下幾種可能大家會有「選擇困難症」，所以想特地分享一下。

## 自助餐

食自助餐時，建議每次同時取兩碟，其中一大碟永遠是無醬汁的沙律菜。當你每次進食自己喜愛的東西時，同時也要進食一大碟菜。蔬菜的益處，相信不用多講大家也知道。我特別喜歡吃自助餐，也會用類似的方法，平均會吃 8~10 碟，其中 3 碟必定是無汁素菜。

## 港式茶餐廳

每個人的喜好不同，加上現在的茶餐廳選擇奇多，所以我的建議是，首先在你等上餐前，先吃一個蘋果，選食物的時候，煩請服務員把餸及餸汁分開上，我多數選擇「走汁」。麵食方面，請要求放清湯，飲品我會建議清茶或黑咖啡。可能你會覺得這樣「唔抵」，但是只要想深一層，進食過多卡路里又「抵唔抵」呢？

## 傳統中式點心

首先叫一份焗菜「全走」，儘量避免煎炸及太多汁的點心，最好選擇蒸焗點心，例如蝦餃、素餃、蒸包、鯪魚球、蒸腸粉；甜品可以選擇桂花糕、椰皇燉鮮奶。記得少食多滋味，去飲茶，記得叫多些人一齊分享。

鯪魚球

蝦餃

桂花豆豆糕

芒果糯米糍

有時我會帶牛油果來伴飯食

椰皇燉鮮奶
肉片蒸飯

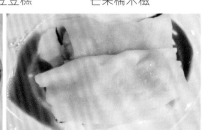

蒸腸粉
焗菜心

# 水，每天起碼飲 1.5 至 2 公升

身體所有機能都需要用水來進行，水可幫助消化，用於出汗、呼吸及排泄廢物，潤滑關節，調節體溫及身體酸鹼度，減少血液黏稠度，預防便秘，並有助代謝機制正常運作。

# 食物中的脂肪，全部都對身體有害？

不同食物中的脂肪絕對有差別，健康食物中的脂肪對身體健康有極大幫助。食物中的蛋白質肯定不會全部都對身體有益，好像經高溫處理的肉類，如叉燒、燒肉，雖然美味，但是它們的蛋白質並非優質。同樣地，例如牛油果，種子中的脂肪若能適量地進食，對身體絕對有益。

# 素食需要注意甚麼？

- 選擇完整食物（Whole Food），儘量選擇無添加。

- 選擇不同顏色的食物，從而吸收各種不同食物的營養。

- 素食者營養容易出問題，原因是缺乏攝取蛋白質；只要懂得選擇，一定不會缺少。不少蔬菜，例如西蘭花、果仁及種子、各種豆類、硬豆腐等等，都含有豐富而高質的蛋白質。

- 如果你是素食者，卻又極之偏食，你可能有需要進食營養補充品。我每天會特地進食維他命 B 雜。

# Cheat Meal（獎勵餐／放縱餐／欺騙餐）的重要性

Cheat Meal 這種餐對於心靈及身體長遠的健康非常重要。過度壓制不准吃自己喜愛的所謂不健康食物可能會有反效果，只要一進食可能一發不可收拾。如果你喜愛的那些食物真的對身體傷害性較高，例如炸物、午餐肉、火腿、香腸、煙肉、公仔麵等等。我建議最多兩星期吃一次，最理想是可以一個月吃一次，愈少愈好。如果那些食物對你的身體傷害性不太高，例如較肥膩的肉類、動物及海鮮內臟，還有高膽固醇的食物卻經常被餐廳作為食材的海鮮，如魷魚，我建議最多可以一星期吃一次。

我是「澱粉控」，極之喜歡吃麵包，但吃過量磅數便會上升，所以要多留意自己身體發出的信號。

# 精明選購食材

## 哪些食材要食有機,哪裏有得買?

對於食用份量特別多及經常食的食材,我會建議選擇有機,以我自己為例,會選擇食有機豆腐、有機糙米,大部分超級市場都有得賣。

此外,有些連皮食的生果及蔬菜也建議儘量選擇有機。我明白有些有機食品價錢非常高,所以要因應個人需要來作決定。有一些食材並不特別需要進食有機的,例如洋葱、奇異果、番薯、牛油果等等,所以並不需要盲目地只購買有機食材。

買食材不要盲目購買有機食材。

## 食物標籤一定要識睇

許多人會注重營養標籤,看看有多少卡路里、脂肪、碳水化合物等等。但我認為成分標籤更加重要,因為那就是你吃了甚麼「落肚」。注意以下幾點:

- 成分中排最先即佔最高份量,如此類推,食品大部分是由最前 3 種成分所做成。

- 成分越短越好,只得一樣就最好,例如糙米的成分就只有糙米。

- 你看不明的成分,你身體也不會明,所以少食為妙。

# 愛甜一族，
# 可以選擇甚麼美食調節心靈需要？

最理想當然是以生果作甜食，否則朱古力也不錯，它是一種較為健康的甜食。最好選擇高濃度可可粉那種，最優質是 80% 或以上。朱古力所含的類黃酮有助改善血壓、調節血脂、抗炎症、促進血管細胞功能，改進細胞代謝能力，也有助增進粒線體功能、降低氧化壓力。

但要知道朱古力是高卡路里食品，所以不可以進食過量，其中約有一半為脂肪，因此食後容易有飽肚感。建議買一些獨立包裝，細細塊，每日吃 2~3 片，就如「食藥」般可用於調節心靈及生理需要。另外，我會建議盡可能不要

高濃度 chocolate 是不錯的甜食選擇。

選擇有卡路里的飲品，甜飲一口便可飲下過百、甚至 200~300 卡路里，但並沒有飽肚感，所以可免則免。儘量選擇需要咀嚼的食物。

# 6 款
# 素菜食譜
# 在家煮

全部都是無火煮食，快捷乾淨，
最適合繁忙的上班一族。

## 食譜 1　米飯主菜——牛油果豆豆飯

### 材料

○ 有機糙米及麥粒胚芽 1 大碗

○ 急凍青豆 1/2 碗

○ 罐裝鷹嘴豆 1/3 碗（如果有時間的話可以買生的鷹嘴豆，自行泡水浸後再煮熟。）

○ 牛油果 1 個（大）

○ 黑胡椒、芝麻及杏仁小量

做法

1. 我習慣放假時預備整個星期
   將會食的米飯,方便隨時可
   以解凍立即食。

2. 這一餐我只會翻熱米飯、青
   豆及鷹嘴豆。

3. 食用時才放牛油果,我發現
   牛油果被加熱或煮熱時會變
   味;所以不建議放牛油果
   與其他食材同時煮,加黑胡
   椒及芝麻即可。因應各人口
   味,如需要可加入其他醬汁
   或調味品。

**以下是 Meal prep(備餐)米飯步驟:**

1. 先將生米洗淨。建議選擇自己喜愛的穀
   物,我會以糙米為主,再加上 1 至 2 種
   不同的穀物,例如薏米及蕎麥。

2. 洗淨後把米放滾水浸泡約 2 小時,這樣
   可以縮短煮飯時間。

3. 把浸過 2 小時的水倒去。

4. 再放適量清水才正式開飯煲煮飯。

5. 米熟之後,放 1 餐食用份量於盒中,待
   凍後再放入冰箱,這樣做可以儲存長時
   間也不會變壞。

6. 食用前才放自己喜愛的伴飯食材。

7. 如果公司有微波爐,食時才用微波爐翻
   熱,最後加入牛油果,方便又美味。

# What is ……
## 牛油果？

牛油果的好處多不勝數，愛靚的女士最關心的是以下的好處：

減肥瘦身　牛油果含有大量膳食纖維及不飽和脂肪酸，膳食纖維可增加飽肚感，不飽和脂肪酸可促進飽和脂肪酸的代謝，減少脂肪形成及囤積，有助減肥瘦身。牛油果的卡路里及不飽和脂肪比較高，所以也要控制食量。大部分東西吃過量都會讓人變胖，對於要減肥的人，我會建議選擇細細個的牛油果，一個細牛油果比中型細小一半以上，卡路里也同時比一般中型（約 320 卡路里）的少一半。沒需要減肥減磅的話，建議盡情享用一整個特大的牛油果。

抗氧養顏　牛油果含豐富抗氧化物質，包括氧化酚類、多酚氧化酶及各種維他命，這些物質在食用之後能幫助清除體內自由基，緩解內臟衰老速度。牛油果所含的油份營養豐富，當中包括維他命 E、鎂、亞油酸和必須脂肪酸，有鞏固細胞膜及延緩表皮細胞衰老。它也含葉黃素，這是一種胡蘿蔔素，可充當抗氧化劑作用。

## Tips

牛油果怎樣處理？把成熟的牛油果切成兩半，小心把核取出，可以切片，放在飯上，大家也可以把牛油果壓成蓉，混入飯及豆中，其香味便可散發於整碗飯之中。

參考資料：
Facty Health (June 19, 2019)*12 Health Benefits of Avocado.*

買牛油果及處理牛油果需要經驗和運氣。
Good luck to avo lover!

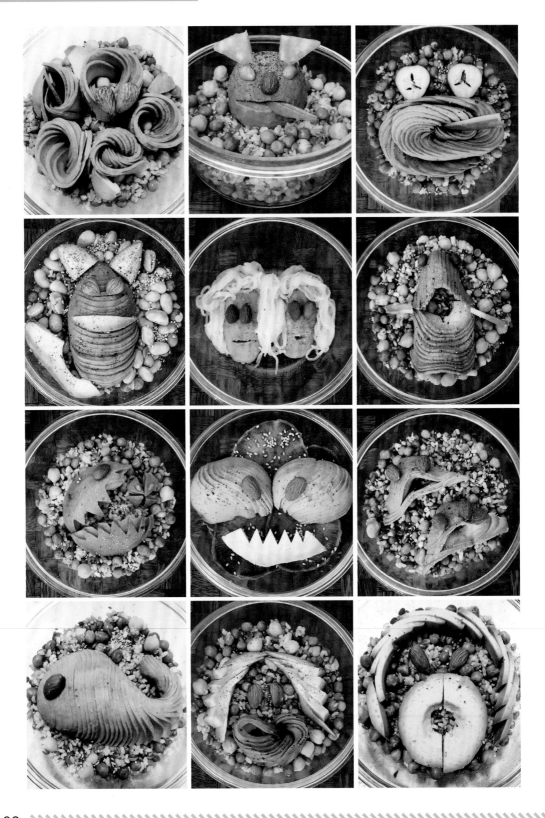

# 牛油果 Show Time!

○ 牛油果的成熟程度各有分別，太熟的話質地會太「腍」，所以切得太薄容易斷開。剛好成熟的便可切薄片，容易做出紐紋。

○ 切牛油果時，直切或橫切會有分別，可以不時嘗試不同切法，再加點想像力。

○ 扭花式之前，一定要把牛油果的皮小心撕去，不要用羹匙拔起，因為用匙羹會使牛油果表面不平滑。

○ 牛油果核如果細的話，愛牛油果的朋友會話 "win jackpot"（中頭獎）。如果想做靚靚的扭花，核細的確有着數，因為會較挺身及不易斷開。所以如果你無中頭獎，或核太大的話，也不要切太薄。

○ 如果牛油果質素不好，例如有些黑壞點，可小心把黑點挑走，當切片後便不會見到被挑去的小洞。但如果已經生滿黑色硬根，其實味道也不好，都是放棄吧。

○ 最後如果大家想玩多些變化，要多嘗試、多用想像力。我也有失敗作品，就算失敗也不要氣餒，沒有失敗經驗，即是沒有新嘗試，所以要繼續試！

# 食譜 2 純素沙律——高纖維高蛋白高優質脂肪

**材料**

- 番薯 1~2 個
- 有機豆腐半盒
- 鷹嘴豆 1/5 罐
- 急凍青豆 50~60 克
- 牛油果 1 個（大）或 2 個（細）
- 黑胡椒及芝麻小量

What is ……
番薯？

做法

1. 把番薯外皮用刷子清洗後，連皮放進水中煮熟，或隔水蒸熟均可。做沙律時，把番薯切成粒狀。
2. 倒去有機豆腐盒內的水之後，把豆腐切粒待用。

## Tips

由於大部分醬汁都有較高卡路里及脂肪，所以牛油果一半壓成糊狀。有些人會放檸檬汁或醋，以防牛油果變色，但我不喜愛加酸味，所以習慣即開即食以代替醬汁，其餘的牛油果可切片或切粒。

番薯含豐富澱粉、纖維、維他命及多種礦物質。有抗癌、保護心臟機能、預防肺氣腫、糖尿病、減肥等作用。番薯中的膳食纖維有助排便，而它的花青素是一種抗氧化物，有助抵抗自由基及防止細胞的破壞；所以有抗衰老作用，也可以保護人體的膠原蛋白，維持細胞之間的結構完整，進而預防氧化造成的皺紋，適合愛美人士食用！

番薯的主要成分是澱粉，想減低它的熱量，可以在食用前先將已整熟的番薯放進雪櫃內最少 12 小時，番薯冷凍後，內裏的澱粉會形成結晶產生所謂「抗性澱粉」，就算食用時翻熱，這些「抗性澱粉」也能維持，「抗性澱粉」的消化率和吸收率比一般的澱粉差，卡路里也會因而減少。

參考資料：
· Nicola Shubrook. *Health benefits of sweet.* Retrieved from BBC Goodfood
· Kris Gunnars, BSc (July 3, 2018). *Resistant Starch 101 - Everything You Need to Know.* Retrieved from www.healthline.com

# 食譜 3　韓式低熱量低脂素麵

### 材料

- ○ 魔芋麵 / 蒟蒻麵（Konnyaku Noodles）1 盒
- ○ 秋葵 1 盒
- ○ 金菇 1 份
- ○ 青瓜 1 條
- ○ 有機無鹽紫菜適量
- ○ 韓國辛辣醬 1~2 大匙
- ○ 黑胡椒及芝麻小量

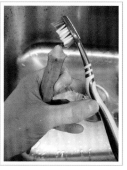

清洗金菇時，要把根部切去。

用硬毛牙刷擦乾淨秋葵表面。

做法

1. 先把秋葵洗乾淨，用牙刷洗刷，普通牙刷選擇硬毛，專門用來洗刷蔬菜。金針菇也洗乾淨，並切去根部。

2. 秋葵可隔水蒸熟，或放微波爐煮熟，約 2~3 分鐘，要留頂部以防裏面的有益透明液體滲出。

3. 金菇用熱開水浸熟，重複 2~3 次即可。

4. 蒟蒻麵用熱開水沖洗待用，依個人喜好可把打結解開成麵條形。

5. 青瓜隨個人喜好切成方形或條狀待用。

6. 把全部材料混在一起，然後加上韓國辛辣醬，最後灑上芝麻、黑胡椒及紫菜條便完成。

What is ‥‥‥
　　　　秋葵？

我們一向以為秋葵是菜類，其實它屬生果類，100 克秋葵只有 33 卡路里、7 克碳水化合物、3 克纖維、2 克蛋白質和 0 脂肪。能量低蛋白質比例非常高，含有極高維他命 C（有助增強抵抗力）及維他命 K（有助吸收鈣質，強健骨骼，預防骨折）。

研究指出，秋葵中的黏液促進腸胃的蠕動，以及為腸道中的有益菌群提供更多的營養，還能將體內一部分的壞膽固醇帶走，對於心腦血管健康是十分有益。此外，秋葵含有大量的花青素，在抗氧化及抗衰老上有很好的幫助。

## Tips

由於全部食材都會出水，所以自然已形成汁液，這樣不需要加入任何油份，輕易便可以把辣醬混在一起。

參考資料：
Natalie Rizzo, ND, RD (July 11, 2019) *7 Nutrition n health benefits of okra.* Retrieved from www.healthline.com

## 食譜 4 健康豆蓉醬料小食

材料

○ 秋葵 1 盒

○ 紅蘿蔔 1 個

○ 鷹嘴豆 1/3 罐

○ 急凍青豆 50 克

○ 牛油果 1 個

○ 紅辣椒仔 3 隻

○ 黑胡椒及芝麻小量

# What is ……
## 鷹嘴豆？

我會用罐頭鷹嘴豆，為方便，便會開 2~3 罐放入密實袋，並放入冰箱內，食多少便取多少份量來解凍。

做法

1. 先把秋葵及紅蘿蔔洗乾淨。

2. 秋葵可隔水蒸熟，或放微波爐煮熟，約 2~3 分鐘，預留頂部以防裏面的有益透明液體滲出。

3. 紅蘿蔔切成長條或片狀待用。

4. 青豆解凍後可用微波爐或用熱水煮熟。

5. 鷹嘴豆、青豆與牛油果壓成蓉，可因應個人喜好加入調味，例如鹽、蒜頭或香草，我就只加入黑胡椒及芝麻少量。

鷹嘴豆早於 7500 年前古時代於中東已被人類以健康理由而食用。它的植物蛋白質極高，約 21~25%，素食人士可以從中吸收更多有益的蛋白質。

鷹嘴豆中的不飽和脂肪酸有助膽固醇代謝、防止脂肪在肝臟和動脈壁積聚，同時可使體內的胰島素受體數量增加，達到控制血糖、改善糖尿病症狀。此外，它含非常高的纖維，100 克中約有 17 克纖維，70% 為非水溶性纖維，纖維對消化系統健康有益，有防腸道問題。鷹嘴豆中的異黃酮具有植物性雌激素，能減慢細胞衰老，有養顏作用也可使皮膚保持彈性，有助減輕女性更年期綜合症狀。

## Tips

- 如果不喜歡牛油果的味道或因為買不到好的牛油果，可以改用花生醬或杏仁醬，請購買那些沒有添加任何東西，例如糖或棕櫚油等的醬類。

- 選擇自己喜愛的蔬菜，例如紅色或橙色甜椒、粟米仔、西蘭花、番茄仔、麵包（建議用黑麥包或酸種包）也可。加肉或海鮮亦可。

參考資料：
· Ravi Teja Tadimalla (May 23, 2019) Stylecraze *13 benefits of chickpeas for skin, hair, and health.* Reviewed By Registered Dietitian Nutritionist and certified Personal Trainer Alexandra Dusenberry, MS, RDN.
· Megan Ware, RDN, L.D. (November 2019). *Medical News Today, What are the benefits of chickpeas.* Medical reviewed by Miho Hatanaka, RDN, L.D.

## 食譜 5 開心天然純素甜食——南瓜波波

### 材料

○ 南瓜 1 個（細）或半個（大）（我會選擇日本南瓜）
○ 番薯 1 個
（我喜歡用不太甜但有番薯香的）
○ 純杏仁醬及純黑芝麻醬適量
（請選擇完全沒有添加任何東西的果仁及種子醬）
○ 烤焗杏仁、南瓜子及芝麻適量

# What is ……
## 南瓜？

南瓜產自北美洲，含極豐富礦物質、維他命及胡蘿蔔素，特別是維他命 A，而維他命 A 有助增強身體的免疫系統，預防病毒。

南瓜中的抗氧化物質可有效抵抗游離基，幫助細胞復原重整，更有抗氧化作用。吃南瓜能幫助去除致癌物，有防癌、並能幫助肝及腎功能的修復，以及細胞再生能力，具有一定的抗衰老作用。

把南瓜放在飯面蒸熟。

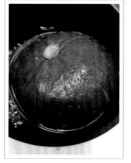

南瓜隔水蒸熟。

做法

1. 先把南瓜及番薯洗淨，連皮蒸熟。

2. 煮熟後切開南瓜，把南瓜頂部及南瓜籽除去，把南瓜皮及肉壓成蓉。蒸熟後的番薯同樣也壓成蓉。

3. 用匙羹舀起整成球形或個人喜愛的形狀，再放上不同配料做出不同造型，除了吃得開心，見到也開心。

## Tips

很多人都會把南瓜皮切去，其實南瓜皮洗淨煮熟後非常美味。可以選擇煮飯的時候放在飯面蒸熟，或隔水蒸熟也可。建議煮熟的南瓜及番薯最好放雪櫃一天才用；因為這樣會使它們堅硬些，較容易做出理想造型。個人喜歡有「咬口」，所以只是用匙羹把它們壓成蓉，如果你喜愛滑滑質感的，可用攪拌器打成蓉。

參考資料：
· Onatural Pumpkin skin benefits (August 15, 2019)
· Ryan Raman, MS, MD (August 28, 2018) *9 Impressive Health Benefits of Pumpkin*. Retrieved from www.headline.com

## 食譜 6 豆腐壽司

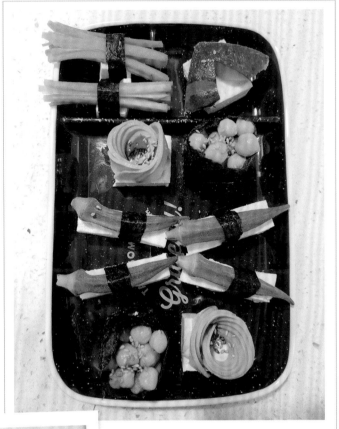

**材料**

- 有機硬豆腐 1 盒（它可代替壽司飯）
- 鷹嘴豆 1 細碗
- 牛油果 1/2 個
- 紅蘿蔔少量
- 南瓜少量
- 秋葵 4 條
- 有機紫菜 1~2 大塊
- 芝麻適量

大家可按各自喜好，在豆腐上自行放上不同的食材，如芝麻醬。

做法

1. 先把南瓜、紅蘿蔔及秋葵洗淨，南瓜連皮蒸熟，紅蘿蔔及秋葵蒸熟。
2. 豆腐、南瓜和紅蘿蔔切成喜愛的形狀待用。
3. 紫菜用剪刀剪成需要的形狀待用。

## Tips

- 放在豆腐上的食材可以自行安排，增加色彩或放喜愛的品種。食素者，可以加番茄，不同顏色的甜椒、粟米仔或雞脾菇。亦可以加個人喜愛的海鮮或肉類，例如已經煮熟的蝦仁、肉片等。
- 我喜歡所有東西都是原味，無添加任何味道及醬汁。

## What is ……
### 豆腐？

豆腐含有高植物蛋白質，尤其是硬豆腐，它不僅含有人體必須的 9 種氨基酸，營養價值較高，適量食用有益又健康。

豆腐中的大豆異黃酮類似女性荷爾蒙，生理期前女性荷爾蒙雌激素減少，吃豆腐吸收大豆異黃酮可補充雌激素，同時可減輕生理期的不適。同樣地，更年期的女士食用豆腐，可減低更年期後遺症，包括潮熱、盜汗、暈眩，頻尿及骨質流失等症狀。

經常食用豆腐，縱使不能幫助好膽固醇上升，但它有助降低壞膽固醇和飽和脂肪在體內的水平，從而減少心血管疾病的風險。

參考資料：
· Megan Ware, RDN, LD. (September 27, 2017) *Everything you need to know about tofu* Medically reviewed by Natalie Olsen, R.D., L.D., ACSM EP-C. Retrieved from www.medicalnewstoday.com
· Kerry Torrens BSc. (Hons) PgCert MBANT - Written by Jo Lewin - Registered nutritionist. (November 4, 2019) *The health benefits of tofu.* Retrieved from bbcgoodfood.com

# 教練與學生 Q&A

## Q1,

Desiree 問：你平時吃的飯和豆豆是甚麼？會有很多澱粉質嗎？為何你吃這麼多都這麼瘦？

首先，那個飯的確有大量澱粉質，但我非常鍾愛 Carbs，飯是 2~3 種穀類混合而成，其中一定包括糙米，可能會加洋薏米或小麥粒、蕎麥。接着，我最愛的青豆及鷹咀豆，食之前再加牛油果或花生醬。健康的澱粉質有助我們運動，更可幫助增加肌肉。如果我經常食用不健康的澱粉質，例如蛋糕、曲奇餅的話，就不能夠像現在這個模樣了。

## Q2,

Fion 問：一般人都很喜歡吃含碳水化合物的食物，為何你可以吃大量而又這麼 fit？

你懂得揀 Complex Carbs，例如鷹咀豆、青豆、番薯等，根本沒有問題。對一些有做運動的朋友來說，此乃力量之來源，沒有 Carbs 的話根本不夠體力繼續做運動，又怎能消脂？我特別相信一條公式，"Workout more Eat more (WMEM) otherwise Workout less Eat less (WLEL)" 這才能叫 Balance，身體才能健康起來。

## Q3,

Fion 問：你究竟是「大食」，還是
因為你要做運動才要吃這麼多？

我都不知道，這個問題有點似「有雞先
定有蛋先」，我是一個大胃王，我
發覺自己愈吃愈多，就好像運動一
樣，越做越能夠做。這樣應該明
白了吧！

## Q4,

為何你可以弄出這麼靚的牛油
果扭花？

我已經吃了牛油果超過 30 年，只要多
加練習並鍾意「整古做怪」，大家都可
以整到靚靚的牛油果扭花。

## Q5,

點解你會轉吃素，是不是想健康些？

我食素始於為當年剛去世的爸爸守百日齋，後來因為不想殺生，
繼續食素到現在。

## Q6,

為何你吃來吃去都是那幾種食物，你不覺得悶嗎？

我　向吃得非常專　，從來都不會感覺悶，沒得吃就悶。

## Q7,

Janice 問：吃素之後有沒有覺得身邊有甚麼變化？健康多了？

整體來說，沒有特別大變化，因為沒有食肉或海鮮只是心靈感覺比較乾淨。健
康方面一直都不錯，只是茹素 3 年後，身體感覺有點虛弱，比較容易生病，於
是開始進食營養補充品，如維他命 B 雜，身體後來的確有明顯的好轉。

# Q8,

**Janice 問：平時會否控制自己的卡路里？**

我真的沒有控制卡路里，當見到喜愛的食物就「喺咁食」。通常只是吃完自助餐後，自動調節晚餐不再吃得太大量或停吃。

# Q9,

**Janice 問：你是否細細個 10 幾歲都是這樣吃？以前未做 gym 也是這麼瘦？是否天生「瘦底」？有沒有肥過？讀書 10 幾歲時，飲食習慣是怎樣的？**

細細個、10 幾歲的時候，沒有現在「咁食得」，當時最愛吃咖喱牛腩飯、揚州炒飯、星洲炒米、臘味糯米飯、糯米雞、麵包等等全部都是我的最愛，細細個已經是個「飯桶」。10 幾歲時確實是比較瘦，後來到 20 歲的時候，開始胖起來，不再骨感而是肉肉的。

# Q10,

你是否做許多運動，但不太進食？

我很能吃，平均一天攝取 3,000~5,000 卡路里不等。
如果放假外出吃的話，可攝取 5,000~8,000 卡路里。

# Q11,

Janice 問：聽説，「食勁多碳水化合物」會好腫好肥？不明白
為何你每日吃這麼多零食都「keep 到」，雖然你有做 gym，
但你真是吃得超恐怖。

你講得非常正確，就算有做運動，好似我吃這麼多，怎樣做都會肥。我這個特
別例子相信是有幾種因素，首先我的基因不太易肥，另外我進行了 20 年負重
運動及進食比較健康的食物，新陳代謝比較起同年女士快，因為我的肌肉量接
近體重一半。講真，我也會胖，事實上心理及生理上當發覺自己肥了或重了
2~3kg，都會儘量調整，避免一發不可收拾。但不少人只會到達自己不能再容
忍的地步才開始醒覺，那時已太遲了；因為那時身體已經開始出現毛病，例如
膝關節開始痛、內臟脂肪已經超標、血壓高等等跡象，所以要緊記只有擁有健
康的身體才可能有更好的身形。

# Q12,

Peonny 問：你有沒有限制自己吃幾多成飽？

我無呀！我多數是被時間所限制，如果工作時只得 30 分鐘吃飯，我會不停吃 30 分鐘。我進食的速度非常快，而且胃口也大，可以吃非常大量的食物。

# Q13,

Janice 問：你平時晚上 6 時放工之後是否會回家休息？會否去行街？放假多數去哪裏？

我平日放工後會立即回家，其實我是一名徹徹實實的「宅女」，不太喜歡逛街；除非知道自己必須要去買一些日用品，否則也不愛周圍逛。我的放假天最愛就是去找美食，食完便去超級市場遊蕩及購買食物。放假天也是我主要 Meal prep（備餐）的日子，我會準備下星期需要的食物。

## Q14,

Peonny 問：你吃甜品有沒有給自己限制？例如一星期吃幾多次甜品？

平日我都有限制自己吃甜品或喜愛吃但又不健康、又容易使我肥及增磅的食品，有些人一食多了甜點便升磅，而我本人的頭號大敵是麵包及蛋糕，其次就是曲奇餅。以上食品經常在我腦海裏浮現，所以我特別喜愛去 Window Shopping 所有的麵包舖，望下睇下心情都開心點。我多數只去望望，但有時忍不住也會買來吃，平均一星期食 2~3 次。

## Q15,

Peonny 問：你現在吃素相對以前有食肉，身體上有甚麼分別呢？

我已經食素 4、5 年，身體整體沒有太大分別，肌肉及脂肪量也沒有大變化。只是茹素後約 3 年，感覺健康差了，病多了，而且較難復原，後來我開始進食維他命 B 雜，之後身體便有明顯的好轉。

# Q16,

Janice 問：見你每日都空着肚去做 gym，到下午 1 點才進食，不肚餓嗎？這是一種減肥方法嗎？

我發覺空肚做運動比較舒服，我早上只會飲大量暖水及進食小量營養補充品，包括維他命 B 雜。事實上，我一直用 Intermittent Fasting 16/8 輕斷食方法，即我會於 8 個小時內食我的食物，其餘的時間只會飲水或黑咖啡。目的是讓身體用大部分時間來休息，不用消化食物，這種方法有助我控制體重。

# Q17,

Peonny 問：你晚上幾點就不吃東西呢？還是照吃呢？

平日工作的日子我多數會盡可能在晚上 7 點前食完最後一餐。不過，如果忍不了饞嘴，也會再吃東西，而且多數會食「衰」的食物，例如雪糕、曲奇餅等等。如果是放假天，我會儘量於晚上 6 點前食完，主要希望可於睡前能完成消化程序，這樣有助我睡眠時，身體各器官的修復。

# Q18,

**Peonny 問：**你有沒有吃零食的習慣？早睡早起？生活規律化？

如果要數零食，我最愛每次吃完正餐之後，必會吃 150~300 克果仁，基本上所有果仁我都愛吃，除了腰果。我早起也算早睡，生活非常規律，其實多數愛運動的人生活都會比較有規律，飲食定時定候，就算食物也日日相同，目的當然是想身體健康。

# Q19,

**Paula 問：**如何吃素才夠均衡，夠營養？

近年非常流行食素，所以不少人都是「轉行」茹素。首先要清楚自己茹素的目的，另外要了解自己身體狀況。如果是剛剛「轉行」的話，我會建議循序漸進地、慢慢地改變飲食習慣，同時留意身體有否不適。如果急於「轉行」，可請教吃素一段時間的朋友作建議。不論吃素或雜食者都有偏食習慣，要均衡飲食就必須吃不同的種類和顏色的食材，從而吸收不同的營養。最重要是當改變飲食習慣後，要留意身體有否不正常的反應或不適，例如有否比之前容易疲倦，或病了較難復原等。如真的發現有不妥，必須正視，當然最好是請教專業人士。

# Q20,

Paula 問：花生醬、芝麻醬等，如何選擇？

芝麻醬除了含有大量鈣質外，還有十分豐富的鉀、鎂、鐵、鋅等礦物質，以及大量維他命 E、B$_1$ 蛋白質和不飽和脂肪酸，同時還有抗氧化成分——芝麻酚。花生醬跟芝麻醬相比，花生醬不含胡蘿蔔素，而且鈣、鐵、硒等營養素的含量也低於芝麻醬。如果以營養角度來選擇，芝麻醬比較好。我覺得兩者都對身體有益，只要選擇純天然成分、無添加糖份及其他化學物質便可隨喜好進食。

# Q21,

Paula 問：素食一般是多菜多豆，在中國人養生學，比較寒涼，如何平衡？

食素的確比較食用菜較多，其實只要煮熟後才吃，及煮菜時加薑片也解決你擔心的問題。大部分豆類都不屬寒性，除了綠豆是寒性，其他都是不寒不熱、屬平，所以多吃也無妨。反而黃豆製品，例如豆腐、腐皮、豆漿都較寒，所以要視乎身體體質才進食。其實就算有些食物被定為健康，也並不代表對自己好。最重要是經常留意自身的變化，不論是寒、是熱，或是 Superfood，只要身體有負面反應便要留心，自行分析是否需要減食或停止食用。

# 小結

如果有 follow 我 IG 的朋友也會知道我很能吃，食量驚人，這當然是經過長期訓練，但是我不建議大家像我這樣吃。每個人的身體都不一樣，如果你需要減肥減脂，請專注努力去做運動，及注意飲食，這聽起來非常沉悶。事實上，減肥減脂是一條非常沉悶的路，而這條路一定要你自己一個人行，要不停地前進才有望可達到理想。我可以放任地食，主要是因為我過去 20 年來從來沒有停止過做運動，如我所講，除了 gym 房關閉之外，否則我天天也做些運動，現在我正享受之前努力耕耘得來的成果。

大家還在等甚麼？快點兒起身動動吧！永遠都不要怕遲，只怕你不開始，只怕你開始不久就停止。努力吧，必定會見其效！

努力吧，
必會見其效

# CHAPTER 4

## 童顏不老看心境

# 阿 Pam 的開心境界
# 來自積極正面人生觀

### 街坊眼中永遠的小妹妹

經過 8 年在外地，我在 1997 年回港，由於離開香港的時間頗長，回港後希望可以安排多些時間陪陪兩老；於是每天一朝早 4 點出門陪他們一起到附近的公園散步及運動，爸媽一直有此習慣近 40 年，大約 6 點回家梳洗後，我便立即上班。

陪爸媽做運動這習慣維持了大約 3 年，直至我結婚（已離婚多年，現在單身，享受人生）便不能再陪他們。

當時爸爸說，早上在公園天天見我的公公婆婆都問起我，我知道那時很多公公婆婆都非常羨慕我的爸媽，有囡囡陪伴做運動。當爸爸對他們說我去了結婚，公公婆婆的反應都很愕然，他們異口同聲說：「咁細個，書都未讀完就去結婚？」於是我爸爸笑笑說：「佢好大個了」。事實上，當時我已經 29 歲！

結婚時 29 歲，但有些人還以為她「咁細個」，
十幾 20 歲就結婚。

雖然平日沒有化妝，但婚宴主角當然也要
輕施脂粉。

## 只要開心生活，瘦身就不費吹灰之力

保持心境開朗，相信與性格有關。我一向思想正面樂觀，雖然也曾經需要減磅減脂，當中經歷也不太順利，由於跟一般人一樣操之過急，經常用盡辦法找偏方，結果令體重時起時跌，進度不穩定；但我不會因此而灰心，總會繼續努力，尋找正確而健康的方法，終於「皇天不負有心人」。方法原來很簡單，就是要自己健康快樂地生活，其中必須包括恆常運動、健康飲食和充足睡眠。

雖然我對工作比較執著，經常要求自己做到盡善盡美。我最喜愛現時這份私人健身教練工作，因為從中可以幫助有需要的人，改善他們的身體狀況及身形，他們的進步給予我的快樂難以形容，所以教練工作同時給予我無比的樂趣。

## 快樂只因容易滿足

我這個人一向容易滿足，少少事也可以快樂一整天，例如吃到好味的東西、學生做了或買了好吃的給我（我稱之為「貢品」）、成功完成一些任務、工作方面得到別人讚賞和認同等等。

阿保是我最愛的卡通公仔。

## 也有間中不健康的時候

我也喜歡吃不健康的東西，例如蛋糕、曲奇餅、雪糕等。這些不健康的食物，只要不是經常食用，對心靈及身體絕對有正面影響。除了要注意飲食外，我們需要顧及所謂 Lifestyle，包括經常做運動、作息定時、健康娛樂，生活上所有細節配合得好的話，身體自然健康，整個人活力充沛，神采飛揚，看上去當然「後生」一點。

不時吃些 Junk food 對心靈有益。我最愛吃蛋糕，可輕易吃一整條。

## 從內在年輕到外在年輕

多吃健康的食物，像 Whole Food（完整食物沒有添加），
吃得乾淨皮膚自然好。由於我是吃素，而坊間有不少食物主
要是給素食及純素人士，甚麼素肉、素雞、純素芝士等等，
不建議吃得過多，我自己就從來不吃；因為它們扮演其他食
物的時候，在製造過程中需要添加一大堆材料以營造出「肉」
質、「肉」樣和「肉」味，營養價值隨之而被降低，所以我
會建議大家盡可能食用完整的食物。

## 沒用化妝品天然童顏臉

我有頗嚴重的潔癖，化妝需要洗洗抹抹，
寧願把這些時間放在其他事情上，反而會
注重基本清潔及護膚。此外，防曬也非常
重要，陽光雖然可帶給我們重要的維他
命 D，它同時也是皮膚的「催老劑」，可
惜我到 40 歲才懂得注重，大家記得搽防
曬膏或油。

我不但不會化妝，其實是不懂化，衣著也非常簡單，我比較鐘意穿男裝衣服，舒服又簡單，我最怕「定拎 dum 冧」。

## 衣著簡樸活出真我

我雖然在時裝行業打滾了 10 年，但一直以來只喜歡
穿得比較簡單，不多花巧的服式，我的裝扮也極之
簡樸，比較喜愛舒適自在的服裝，同時當然也要乾
淨整齊，看上去整個人才年青。

2012 年韓國旅行

2013 年韓國旅行

每次去旅行，總是帶
着興奮的心情，輕裝
四處逛。

## 多年長髮 Look 紮髻少煩惱

大部分人都覺得長頭髮很難打理，而我反而認為長髮方便。
我的頭髮由中學開始留長到現在，中途只有一次想改短髮
Look，之後真是感到處理更煩，所以一次就夠了。長頭髮最
好的是可以紮馬尾及紮髻，而且不需要經常修剪。其實，我
都幾怕去理髮店，總覺浪費時間（我只會去染髮），所以已
經多年來自己剪頭髮，因為會經常紮起，所以根本無人看到
髮尾是否參差不齊。整體上，我沒有怎樣護理過頭髮，我太
懶惰，只是一般正常清洗乾淨便算了。

我太懶惰，沒花時間理頭髮，所以我覺得我的頭髮像極掃把，哈哈！

# 6 大凍齡守則

## 守則 1：

## 充足睡眠

我習慣每晚 11 點半前、最理想是 11 點前便睡覺；因為我的生理時鐘自動會於早上 5 時開始啟動，我儘量安排睡眠時間要超過 6 小時，最理想達 7 小時，充足睡眠，有助修復身體各種機能。

## 守則 2：

## 不吸煙 滴酒不沾

香煙裏所含的多種有害物質損害皮膚的膠原蛋白，使皮膚更容易及提早出現皺紋。此外，由於吸煙用嘴吸食，嘴邊的皺紋也特別多。吸煙者更容易有所謂「Crow's feet」（眼角的魚尾紋），即非常厚的褶紋出現於眼部。

當消化酒精時，身體會釋放有害代謝物，使身體組織及皮膚缺水，可使皮膚增加皺紋且永久受損。酒精使皮膚毛孔擴張，因此更容易有粉刺及皮炎，沒有處理好的話更可成丘疹。

# 守則 3：
# 管理好身形

身形纖瘦看上去會比較年輕。我非常留意自己的體重，每天早上習慣會「磅一磅」，如果沒有經常留意 keep track，體重可以於不經不覺間上升，當肉眼見到的時候可能已經太遲了。我會容許自己冬天比夏天體重多 2 千克，但是一到夏天，必須要減掉冬天積下的重量。所以平均計算冬天的重量時，我會容許自己的範圍是 58~59.9 千克（不能見 6 字否則我會發癲）。事實上，曾經有一段時間我的冬天體重達到 62 千克，當時感覺超差，穿甚麼也「遮不到」肥肉，從此以後規定自己不容許「6 字」。

夏天的體重必須回至 58 千克或以下。我雖然是教練，同時也是一個正常女性，心裏雖然清楚明白，並知道體重高並不代表肥，就算在冬季，我的體重上升，我的脂肪比例相差也無幾，平均為 11~13%，但是我心裏總有一個理想體重，相信大家也明白我在説甚麼。

要凍齡不是那麼難，
以 6 大守則為基礎！

# 守則 4：
# 良好生活習慣

定時定刻運動，定時定刻食飯，定時定刻休息。我經常提及生活要「定時」，這樣才能有效地長期進行一些對自身有益的事情；因為正確的事未必能夠於短期內見效，必須要長期進行，才可有望見成效。有些人可能會覺得這樣的生活非常沉悶，事實上，我也同意；但我喜愛這樣沉悶的生活，就是因為這些有規律而沉悶的生活造就現在的我。

# 守則 5：
# 經常做運動

運動當然包括帶氧運動及負重運動，再加伸展運動，令身體健康及強壯。所有不同類型的運動，只要以正確方式及姿勢做及經常做，假以時日必定有助強化機能。試想想一位步伐輕盈，上落樓梯或山坡都健步如飛，與一位步伐沉重，一路行一路喘氣的人比較，前者給人的感覺當然是較為年輕，後者卻似老頭兒。

# 守則 6：
# 不要壓抑情緒

開心的時候大笑，傷心的時候大哭，憤怒的時候就發脾氣，不要壓抑情緒，這樣對身體有害。

# 教練與學生 Q&A

## Q1,

**Vicky 問：除了運動，是否有其他心得令你 keep 得這麼好？**

我認為生活習慣是最重要的因素，我會定時飲食，並注意食物成分和質素，留心身體的反應，不會過分勉強身體做過量運動，也不會使自己太過懶散，更不會過分限制自己只食有益食品；其實我只吃喜愛的，如果不喜愛就算是對身體有益，對心靈也沒幫助。同時，最好是保持心境開朗，心情愉快，人也感到精神爽利。

## Q2,

**Vicky 問：有沒有一些特別堅持的習慣或食療？**

我特別堅持的習慣是每天必做運動，除非病到無能力做，以我記憶就只是兩年前，染上肺炎時，有兩天力氣全失，想動也動不了。另外，我堅持大部分情況下，盡可能食自己煮及安排而健康的食物，我的食療很簡單，就是儘量吃無添加的完整食物，例如米飯、生果、番薯等等。

# Q3,

## 為甚麼你沒有皺紋？

相信是與我整體的生活習慣，包括運動、健康有營的飲食，加上不煙不酒、不化妝、早睡早起有關。

# Q4,

## Gloria 問：你是否從不花費買護膚品或去美容院做 facial 呢？

我沒有用化妝品，也沒有去美容院做 facial，只用一些基本的清潔用品。

# Q5,

## Peonny 問：你的狀態跟 10 年前有沒有分別呢？

當然有很大分別，就算只是 2 年前與現在也有明顯不同。先講自己的恆常運動，幸好的是帶氧運動的訓練到現在也沒有太大分別，但負重運動明顯與以前不同，現在比從前採用的重量最少減 30~50% 不等。這也因為本身已有不少傷患，為免再受傷及不希望運動習慣間斷，所以寧願減低負重壓力。工作方面，也較以前更容易感疲累；從前我可不停工作（與學生上堂）5~6 小時也不感到累，現在最多 3 小時便需要小休一段時間才能再繼續。為了長做長有，所以我不會勉強自己做些能力範圍以外的事。

# 小結

生活習慣及各種細節就像我之前所説的
Healthy Lifestyle，這絕對可以幫助凍
齡，甚至逆齡。對我自身而言，也不能
抹殺天賦條件較優勝這因素。但是，只
靠天賦條件，沒有可能長久。打個比喻，
天賦就像金錢一樣，可以用盡，所以必
須要作出相應的儲備，預防未來日子的
需要。

希望大家努力，現在就開始健康地生活，
永遠都不要怕遲，希望各位身體健康，
活得快樂、美麗！

只靠天賦條件
沒有可能長久

# 我的 50 歲 無添加凍齡秘笈

作者
Pam Chan

責任編輯
嚴瓊音

攝影
細權

美術設計
李嘉怡

排版
辛紅梅

出版者
萬里機構出版有限公司
香港北角英皇道499號北角工業大廈20樓
電話：2564 7511　　傳真：2565 5539
電郵：info@wanlibk.com
網址：http://www.wanlibk.com
　　　http://www.facebook.com/wanlibk

發行者
香港聯合書刊物流有限公司
香港新界大埔汀麗路36號
中華商務印刷大廈3字樓
電話：2150 2100　　傳真：2407 3062
電郵：info@suplogistics.com.hk

承印者
中華商務彩色印刷有限公司
香港新界大埔汀麗路36號

規格
特16開（240mm × 170mm）

出版日期
二零二零年五月第一次印刷